DIANJIE MENG JIENENG JIANPAI LILUN YU GONGCHENG YINGYONG

电解锰节能减排理论与工程应用

■ 陶长元　刘作华　范 兴 / 著

重庆大学出版社

内容提要

本书是一本关于电解锰节能减排理论与实践方面的专著。全书从锰产业的现状出发,分析了矿资源利用技术现状;着重以电解锰为例,从锰矿浸出、溶液除杂净化、电解、三废利用及处理、新装备开发等介绍了节能减排及过程强化新理论、新工艺、新技术;从非平衡态热力学及非线性动力学的角度阐释了电解锰能耗与内在非线性机制之间的关系,进而提出了新的节能降耗理论和思路;同时全书结合工程实践应用,深入浅出地介绍了减排新工艺、新技术。

图书在版编目(CIP)数据

电解锰节能减排理论与工程应用／陶长元,刘作华,
范兴著. -- 重庆:重庆大学出版社,2018.11
ISBN 978-7-5624-9993-0

Ⅰ.①电… Ⅱ.①陶… ②刘… ③范… Ⅲ.①电解锰
—节能减排—研究 Ⅳ.①TF792

中国版本图书馆 CIP 数据核字(2017)第 033498 号

电解锰节能减排理论与工程应用

陶长元 刘作华 范 兴 著

策划编辑:曾令维

责任编辑:陈 力 涂 昀 版式设计:曾令维

责任校对:万清菊 责任印制:张 策

*

重庆大学出版社出版发行

出版人:易树平

社址:重庆市沙坪坝区大学城西路 21 号

邮编:401331

电话:(023)88617190 88617185(中小学)

传真:(023)88617186 88617166

网址:http://www.cqup.com.cn

邮箱:fxk@cqup.com.cn(营销中心)

全国新华书店经销

重庆升光电力印务有限公司印刷

*

开本:787mm×1092mm 1/16 印张:7 字数:177 千

2018 年 11 月第 1 版 2018 年 11 月第 1 次印刷

ISBN 978-7-5624-9993-0 定价:48.00 元

前言

　　"中国制造2025"提出"创新驱动、质量为先、绿色发展"的基本方针,为我国制造业提出了新的发展要求。锰是国家战略性资源,素有"无锰不成钢"之说,90%左右的锰资源用于钢铁工业。我国是电解锰生产、消费和出口大国。2016年,我国电解锰产量达115万t,占国际电解锰产量的98.5%以上。但我国电解锰产业面临资源利用率低、能耗高、污染重等突出问题,节能减排任重道远。为此,开展电解锰节能减排理论与工程应用,对锰产业的可持续发展具有重要意义。

　　研究发现,经典热力学理论难以解释电解锰在电解过程中的复杂现象。电解锰过程中产生的"三废"主要采用末端治理方法,其经济代价高,处理效率低。为此,本书从非平衡态热力学及非线性动力学认识电解锰过程,提出混沌混合强化锰矿浸出与除杂机制,建立电解锰过程强化新理论,从源头上实现了"三废"减排,降低电解过程的直流电耗。

　　《电解锰节能减排理论与工程应用》一书,在国内外属首次基于化工过程强化理论和非线性动力学原理,以非线性电化学及流场动力学指导电解锰节能减排工程应用,通过多场耦合强化电解锰过程达到节能减排的效果,结合污染物减量化、无害化和资源化,旨在电解锰过程中实现理论—工艺—装备创新。

　　本书在习近平新时代中国特色社会主义思想指导下,落实"新工科"建设新要求,由重庆大学陶长元教授、刘作华教授、范兴教授著。全书共分为5章,第1章电解锰产业发展现状,分析了我国电解锰产业资源、利用及电解技术现状,介绍了电解锰产品的性质用途及生产现状;第2章电解锰过程非线性现象及机理,深入研究了电解锰阴阳极电反应过程中存在的非线性现象,并从理论上讨论了相关动力学机制,为电解过程的节能提供了新的理论基础;第3章多场耦合强化电解节能,介绍了设计的新型流体混合强化锰矿浸出装置,新型电解阳极材料开发、新型脉冲电解制备电解锰新方法及新型电解槽设计等新技术;第4章电解锰过程"三废"处理,介绍了电解锰废水处理方法,提出了电极锰阳极泥处理与资源化,以及电解锰渣无害化与资源化利用;第5章低浓度含锰废水资源化利用,介绍了低浓度含锰废水中锰的回收,以及阳极液循环利用方法。参加本著作资料整理的还有张兴然博士、舒建成博士、彭浩博士、谷德银博士等,在此一并表示感谢。

本书由国家科技支撑计划项目(No.2015BAB17B00)、国家自然科学基金项目(Nos. 21576033、51404043、51274261、21636004)、广西壮族自治区科技重大专项、重庆市 121 科技支撑示范工程——重庆电解锰产业可持续发展科技支撑示范工程、重庆市 121 科技支撑示范工程——中国西部绿色锰钡技术攻关与应用示范、重庆市基础科学与前沿技术研究重点项目(CSTC2015jcyjBX0074)资助,在此一并表示感谢。

限于作者知识范围和学术水平,书中疏漏和不妥之处在所难免,恳请广大读者批评指正。

作　者
2018 年 6 月

目录

第 **1** 章
电解锰产业发展现状

1.1 我国电解金属生产概况

我国是亚洲最大的锰矿与锰产品生产基地,目前探明的锰矿资源7.1亿t,分布于全国21个省、市、自治区,90%以上集中在西部地区,其中广西和湖南的锰矿分别占全国的38%、18%,其次是贵州、云南、重庆、湖北和陕西。由于部分矿山在开采中存在着乱挖滥采、采富弃贫现象,且资源回收率很低(50%左右),锰矿石市场主流品位从2006年的20%下降至目前的13%,一些企业开始采用8%~9%的矿石进行生产。

虽然我国电解锰起步较晚,1956年开始工业化生产,经过半个世纪发展,2016年我国电解锰产量达115万t,占全球总产量的98.5%以上,已成为世界上最大的电解锰生产、出口和消费国。然而,电解锰生产属资源消耗大、能耗高、污染重的产业,日本、美国等发达国家从节能减排和环境保护的角度出发,分别于20世纪90年代和2001年第二季度已全面停止了电解锰的生产。根据我国目前改革和发展的实际国情,非但不能效仿发达国家的关停模式,而且还应该借此机会大力发展壮大电解锰工业,以满足国际国内市场需求,促进我国经济健康可持续发展。虽经不断的技术进步与革新,我国电解锰生产技术已处于世界先进水平,但循环经济、节能减排、环境保护等的任务仍然十分艰巨。因此,我国虽是电解锰生产大国,但还不是电解锰生产强国。

1.2 电解锰工艺流程

目前,世界上金属锰的生产方式以电解法为主,该法可获得高纯金属锰(Mn > 99.7 wt%),同时,该方法可以使用的锰矿石类型和品类比较广,原料可采用碳酸锰、二氧化锰矿以及高炉冶炼的富锰渣等。

电解锰工艺流程如图1.1所示,其主要可分为制粉、化合、压滤、电解以及包装5部分。首先,锰矿石经过粉碎与磨粉过程得到锰粉,锰粉经过化合浸出以及压滤机的压滤除去对电解有

1

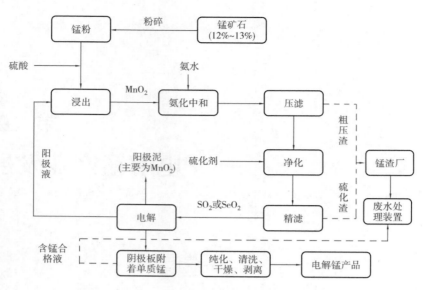

图 1.1　电解锰过程工艺流程图

害杂质,得到可以直接进行电解的合格液(目前一般合格液的标准为硫酸铵浓度为80~95 g/L,锰离子浓度为 30~40 g/L,SeO₂浓度为 30~60 mg/L,pH 值为 6.0~7.0)。在电解槽中,合格液经电解,在阴极板表面得到金属锰。阴极板经钝化、冲洗、烘干,然后进行剥离得到金属锰,再进行包装等工序得到成品。

1.3　锰矿的浸出

1.3.1　锰矿粉碎

锰矿在自然界分布很广,几乎各种矿石及硅酸盐的岩石中均含有锰,现已知的锰矿物有 150 种。正是由于锰矿石的多种多样,导致其理化性质的差异。为了克服物料的复杂性,在生产之前,需要选择适合的破碎方法,将锰矿石破碎,以满足后续工序的要求。

锰矿的粉碎要经过粗碎、细碎与筛分 3 个步骤,才能得到符合生产要求的锰粉。顾名思义,其中的粗碎步骤是将大块锰矿石破碎成小块;细碎步骤是将小块锰矿石再进行细磨;而筛分步骤是筛出合格锰粉进入下一步骤,而不合格块状物返回上一流程继续破碎。

1.3.2　锰矿浸出

虽然我国锰矿资源储量大,但是大部分锰矿属于低品位的贫锰矿,品位 >30 wt%的锰矿不足 10%。用这类贫锰矿石作冶炼入炉原料,冶炼能耗大大增加,同时也影响产品质量。为了有效利用这些贫锰资源,采用湿法浸出工艺,直接从贫锰矿生产锰盐产品是目前一种最可行的方法。

(1)菱锰矿的浸出

菱锰矿是一种碳酸盐矿物,它通常含有铁、钙、锌等元素,多为粒状、块状或肾状,红色,氧化后表面呈褐黑色,是提取锰的重要矿石矿物之一。目前,国内多数电解锰厂家以菱锰矿为原料,通过酸浸、净化、电解的方法制备金属锰。金属锰产品在阴极板上析出,但是电解电流效率较低,一般只能达到 65% ~75%。为了保证较高的电流效率,要求电解液必须在电解前充分净化除杂,同时采用隔膜电解槽进行电解。主要浸出方法如下:

1)菱锰矿直接酸浸法

工业上对于菱锰矿浸出主要采用直接酸浸法,该方法是一种传统的湿法冶锰技术,一些锰矿的浸取率高达 98%,主要反应方程式:

$$MnCO_3 + H_2SO_4 = MnSO_4 + H_2O + CO_2 \uparrow \tag{1.1}$$

$$Fe_3O_4 + 4H_2SO_4 = FeSO_4 + Fe_2(SO_4)_3 + 4H_2O \tag{1.2}$$

$$FeO + H_2SO_4 = FeSO_4 + H_2O \tag{1.3}$$

$$CuO + H_2SO_4 = CuSO_4 + H_2O \tag{1.4}$$

$$CoO + H_2SO_4 = CoSO_4 + H_2O \tag{1.5}$$

$$NiO + H_2SO_4 = NiSO_4 + H_2O \tag{1.6}$$

$$MgO + H_2SO_4 = MgSO_4 + H_2O \tag{1.7}$$

在浸矿过程中,Mn 元素会以 Mn^{2+} 的形态进入浸出液中,其他伴生的金属元素也会以离子形态被浸出。以浸出液含锰 40 kg/m³ 计算,菱锰矿粉加入量的计算公式为:

$$菱锰矿粉加入量 = \frac{(40 - 废电解液含锰量) \times 溶液体积}{菱锰矿粉含锰量 \times 锰浸出率} \tag{1.8}$$

$$硫酸加入量 = 菱锰矿粉加入量 \times 矿酸比 - 废电解液用量 \times 废液含酸量 \tag{1.9}$$

2)菱锰矿的细菌浸出

菱锰矿的细菌浸出是在其他金属矿物的微生物浸出应用成功的基础上发展起来,并得到重视的,其浸出机理首先是生物化学反应:

$$2FeS_2 + 7O_2 + 2H_2O = 2FeSO_4 + 2H_2SO_4 \tag{1.10}$$

$$4FeSO_4 + O_2 + 2H_2SO_4 = 2Fe_2(SO_4)_3 + 2H_2O \tag{1.11}$$

$$FeS_2 + 7Fe_2(SO_4)_3 + 8H_2O = 15FeSO_4 + 8H_2SO_4 \tag{1.12}$$

3 个反应式同时存在,而生物催化作用占优势,代谢产物硫酸铁和硫酸可用于浸出碳酸盐类型的锰矿和硫锰矿,其化学反应为:

$$3MnCO_3 + Fe_2(SO_4)_3 + 3H_2O = 3MnSO_4 + 2Fe(OH)_3 + 3CO_2 \tag{1.13}$$

细菌浸出菱锰矿,锰浸出率达 90% 以上。与常规的硫酸法比较,细菌法的成本要低 30%,经济效益比较明显,但尚未见用于工业生产的报道。

(2)软锰矿的浸出

软锰矿,其主要成分为二氧化锰,是一种常见的锰矿物,重要的锰矿石。软锰矿非常软,它的颜色为浅灰到黑,具有金属光泽。软锰矿一般为块状或肾状或土状,有时具有放射纤维状形态。有趣的是,有些软锰矿还呈现出一种树枝状附于岩石面上,人称假化石。软锰矿是其他锰矿石变成的,在沼泽、湖海等形成的沉积物中也可以形成软锰矿。

对于软锰矿的浸出,一般情况下,需先将四价锰还原成二价锰,再进行浸出操作,根据还原剂的不同,软锰矿的浸出分为以下几种方法:

1)两矿一步法

我国研究工作者对两矿一步法反应过程的浸出机理、化学热力学和动力学特征,以及过程的各种影响因素和具体操作条件,都开展了大量的试验研究工作,发表了许多研究报告。

3

2004 年,贺周初等介绍了两矿法浸出低品位软锰矿的原理及工艺条件,在一定的工艺条件下,以硫铁矿作还原剂,用硫酸直接浸出 Mn 含量为 25% 左右的低品位软锰矿,浸出率达93%,该工艺具有能耗少、成本低、实用性强、锰回收率高等特点,为低品位软锰矿的利用开辟了新的途径。对该酸浸反应,不少研究者进行了很多探讨,由于反应复杂,每个反应都有其理论依据。根据文献,归纳列出的反应式如下:

$$FeS_2 + MnO_2 + 4H^+ === Fe^{2+} + Mn^{2+} + 2H_2O + 2S \tag{1.14}$$

$$2FeS_2 + 15MnO_2 + 22H^+ === Fe_2O_3 + 15Mn^{2+} + 11H_2O + 4SO_4^{2-} \tag{1.15}$$

$$FeS_2 + 7MnO_2 + 14H^+ === Fe^{2+} + 7Mn^{2+} + 6H_2O + 2HSO_4^- \tag{1.16}$$

$$2FeS_2 + 15MnO_2 + 14H_2SO_4 === 15MnSO_4 + Fe_2(SO_4)_3 + 14H_2O \tag{1.17}$$

$$2FeS_2 + 3MnO_2 + 6H_2SO_4 === 3MnSO_4 + Fe_2(SO_4)_3 + 6H_2O + 4S \tag{1.18}$$

$$FeS_2 + MnO_2 + 2H_2SO_4 === MnSO_4 + FeSO_4 + 2H_2O + 2S \tag{1.19}$$

$$2FeS_2 + 9MnO_2 + 10H_2SO_4 === 9MnSO_4 + Fe_2(SO_4)_3 + 2S + 10H_2O \tag{1.20}$$

$$2FeS_2 + 3MnO_2 + 3H_2SO_4 === 3MnSO_4 + 2Fe(OH)_3 + 4S\downarrow \tag{1.21}$$

袁明亮等的研究指出,在该浸出过程中,浸出反应初始条件不同,反应机理及最终的产物均不同,在起始酸浓度较高的条件下,存在着黄铁矿氧化产物为 S 和 SO_4^{2-} 的竞争反应,使得浸出所需黄铁矿用量增加。同时,产物 S 黏附于矿石颗粒表面,由于 S 的强疏水性和非导电性,阻碍了浸出反应的进一步进行,这是两矿法锰浸出率低的主要原因。

两矿一步法的优点是省去了高温焙烧工序,其还原、浸出和净化可在同一反应槽内完成,减少了设备投资,黄铁矿来源广,价格低廉,生产成本低,操作过程亦简单易行,与焙烧法相比大大改善了操作环境,还降低了酸耗。

两矿一步法的缺点是还原率和浸出率较低、渣量大、影响了锰的回收率,尤其在生产电解锰过程的工艺控制上,净化过程较难掌握,特别要求软锰矿和黄铁矿的矿源成分稳定。因此,两矿一步法虽然在硫酸锰和普通级电解二氧化锰生产中得到了广泛的应用,但是在生产电解锰的过程中,至今尚未得到普遍推广使用。

2)SO_2 直接浸出法

张昭等研究了用纯 SO_2 浸出软锰矿(含锰量 25 wt%)的动力学,在系统研究了温度、锰矿粒度、SO_2 流量、液固比和搅拌强度对锰浸出率影响的基础上,导出了浸出过程的动力学方程:

$$1-(1-\alpha)^{\frac{1}{3}} = 2.80 \times 10^{-2} Q_{SO_2}^{1.04} \exp(-22\ 720/8.314T)t \tag{1.22}$$

式中 α——锰浸出率;

Q_{SO_2}——SO_2 流量,mL/min;

T——温度,k;

t——浸出时间,min。

实验结果表明:浸出过程为矿粒表面化学反应所控制,浸出反应可在常温下进行。同时,也研究了杂质铁的行为,证实了二价铁离子对锰浸出的催化作用。有学者研究表明,在 SO_2 直接浸取软锰矿过程中,连二硫酸锰的生成与所使用的浸取反应条件有很密切的关系,在室温下反应所得浸出产物中有 1/3 是连二硫酸锰,而若在 10 ℃以下生成物则全部是连二硫酸锰,而随着温度的升高,连二硫酸锰会发生分解反应:

$$MnS_2O_6 === MnSO_4 + SO_2 \tag{1.23}$$

总的来说,与传统的还原焙烧法相比,二氧化硫浸出工艺缩短了生产流程,节省能源消耗、减少设备投资和场地,避免了焙烧过程废气对环境的污染。生产成本也有所降低,因而特别适用于低品位软锰矿的有效利用。当然,在这方面,尚需要长期的生产实践来加以验证。

3)其他浸出方式

目前国内对低品位软锰矿的利用以及浸出工艺的研究十分重视,而这项工艺的研究也对缓解当前我国锰矿资源短缺的困境具有重要意义。除了上述被广泛应用的浸出方法外,还有一些很有前景的方法目前仍旧停留在实验阶段,如连二硫酸钙法、金属铁直接浸出法、硫酸亚铁浸出法和一些农副产品生物质直接浸出法等,在不久的将来可能会在工业中放大生产。

1.3.3　其他锰矿的浸出

除了上述菱锰矿与软锰矿之外,自然界中还有其他的锰矿资源,其中利用价值较大的有水锰矿、褐锰矿、硬锰矿和黑锰矿等。

（1）褐铁矿的湿法浸出

褐锰矿的分子结构通式为 Mn_7SiO_{12},是一种复杂硅酸盐矿物,另有石英、萤石等天然矿物形式存在,褐锰矿的分子 Mn_7SiO_{12} 的结构可以看成是 $3Mn_2O_3 \cdot MnSiO_3$,须将 Mn_2O_3 中 +3 价态的 Mn 还原为 +2 价态后才能提取褐锰矿中的锰成分。还原高价态的锰矿物如 +4 价态的软锰矿比较容易实现,工业上的生产技术也比较成熟,大多采用无烟煤还原焙烧后再用稀硫酸浸出或采用两矿法工艺即用黄铁矿或其他还原剂按原矿、硫酸、还原剂以适当的配比在液相中于 90 ℃ 左右进行直接还原浸出。

采用黄铁矿硫酸湿法还原浸出工艺能较好地提取褐锰矿中的锰,当矿∶酸∶黄铁矿质量比达到1∶1.104∶0.28 时,在 90 ~ 95 ℃,搅拌浸出 6.5 h 以上,原矿中的锰的浸出率达92% 以上。

褐锰矿还原浸出反应的总反应方程式可能如下:

$$15Mn_2O_3 + 2FeS_2 + 29H_2SO_4 \Longrightarrow 30MnSO_4 + Fe_2(SO_4)_3 + 29H_2O \tag{1.24}$$

（2）半氧化锰矿的浸出工艺

由于半氧化带中的高价锰不溶于酸,所以直接酸浸时锰的浸出率不高。如果采用还原剂（如煤粉）与半氧化锰矿在高温下焙烧的方法,则存在工艺流程长、环境污染比较严重、能耗大等缺点。因此,直接还原酸浸法比较适合于半氧化锰矿的浸出。粟海锋等发明了一种经济高效的半氧化锰矿的浸出工艺,以木薯酒精废水为还原剂在酸性条件下浸出半氧化锰矿,锰的浸出率可达90%以上,该工艺的优点是变废为宝、条件温和、除杂简单。高玉洋等研究了半氧化锰矿的直接还原浸出工艺,以废糖蜜为还原剂浸取半氧化锰矿,锰浸出率可达到92%以上。随着锰矿资源的不断开采而日趋紧张,处于半氧化带的半氧化锰矿的利用就显得极其重要。

1.4　浸出液除杂净化

我们都知道,无论锰矿石品位是多少,在浸出过程中,都会有一些其他常见的金属离子进入合格液,它们以离子状态存在于合格液中。在电解过程中,会消耗一定的电量,造成电能的浪费,对整个电解体系产生影响,故在得到浸出液后,需要对其进行净化处理。需要除去的杂质主要包括下述几种。

1.4.1 浸出液净化除铝

目前在工业中,除铝以中和法为主。水解沉淀法是除铝的主要方法,除铝过程中需严格控制体系酸度,整个过程不会导致锰的损失。但水解产物主要是氢氧化物沉淀,呈胶状,沉降比较困难,且很难过滤,这就给分离操作带来了困难。

1.4.2 浸出液净化除铁

为了使送往电解工序的硫酸锰溶液比较纯净,须预先除去铁及重金属。除铁主要采用氧化水解净化法,即向浸取反应槽中加入二氧化锰氧化除铁,硫酸锰溶液中的 Fe^{2+} 与空气反应,将其氧化为 Fe^{3+},然后向浸取槽中添加氨水,将硫酸锰溶液 pH 值调至 $6.5 \sim 7.0$,溶液中 Fe^{3+} 水解转化为 $Fe(OH)_3$ 沉淀,其中大部分杂质 SiO_2 随 $Fe(OH)_3$ 沉淀一起进入渣中。

氧化除铁的反应机理方程式如下:
$$2Fe^{2+} + MnO_2 + 4H^+ = 2Fe^{3+} + Mn^{2+} + 2H_2O \tag{1.25}$$
$$Fe^{3+} + 3H_2O = Fe(OH)_3 \downarrow + 3H^+ \tag{1.26}$$
$$M^{2+} + 2H_2O = M(OH)_2 \downarrow + 2H^+ \tag{1.27}$$

其中,方程式(1.27)中 M 代表重金属,如 Cu、Co、Zn 等金属。

1.4.3 浸出液净化除重金属

浸出液净化除重金属主要采用硫化沉淀法,硫化剂主要以福美钠(S. D. D)为主。SDD 与溶液中重金属离子,如 Cu^{2+}、Co^{2+}、Ni^{2+} 等离子反应,生成硫化物沉淀。然后,将溶液输送至静置池中,放置一段时间,通过压滤除去溶液中的重金属硫化物。主要化学反应为:
$$CuSO_4 + RS = RSO_4 + CuS \downarrow \tag{1.28}$$
$$CdSO_4 + RS = RSO_4 + CdS \downarrow \tag{1.29}$$
$$NiSO_4 + RS = RSO_4 + NiS \downarrow \tag{1.30}$$
$$CoSO_4 + RS = RSO_4 + CoS \downarrow \tag{1.31}$$
$$ZnSO_4 + RS = RSO_4 + ZnS \downarrow \tag{1.32}$$

硫化主要技术指标温度为:$50 \sim 60 \, ℃$,时间 1 h,硫化剂的用量为 3 kg/t,重金属沉淀后采用压滤法进行固液分离,滤渣送往渣库,滤液自流进入静置池。通常静置时间为 $24 \sim 48$ h,能使溶液中杂质浓度降到电解要求的水平。

1.4.4 浸出液脱氯

(1)沉淀法

1)银盐法

酸性硫酸盐镀铜溶液中的适量的氯离子能够获得性能良好的铜镀层。但是,当其在含量超过规定值时就会起到相反的作用。过量的氯离子会阻碍电沉积过程的进程。银盐法是最早应用于脱氯的方法,主要应用于镀铜液中氯的脱除,它是利用 Ag^+ 和 Cl^- 在溶液中形成难溶的 AgCl 白色沉淀,然后过滤去除。银盐法是最早应用于电镀行业的去除酸性硫酸盐镀铜溶液中的氯离子的方法,银盐法脱除氯离子的原理为:
$$Ag^+ + Cl^- = AgCl \downarrow \tag{1.33}$$

经常使用的银盐主要为 Ag_2CO_3 和 Ag_2SO_4，但是由于 AgCl 具有一定的溶度积，为保证氯离子沉淀完全，就需要加入过量的银盐，这就会大大增大处理成本。

2）亚铜法

亚铜沉淀法是一种常用于酸性硫酸盐镀铜溶液中氯离子的脱除方法，锌粉除氯的实质仍为亚铜化学沉淀除氯，其主要是利用活性较好的金属与溶液中的二价铜离子发生氧化还原反应，生成的一价铜与氯离子发生沉淀反应，从而达到脱氯的目的。郑振等分析了锌粉除氯的原理：

$$Zn + 2Cu^{2+} \longrightarrow Zn^{2+} + 2Cu^+ \tag{1.34}$$

$$Cu^+ + Cl^- \longrightarrow CuCl \downarrow \tag{1.35}$$

副反应： $$Zn + 2Cu^{2+} \longrightarrow 2Cu^+ + Zn^{2+} \tag{1.36}$$

$$Cu^{2+} + Cu \Longrightarrow 2Cu^+ \tag{1.37}$$

锌粉除氯的方法由于锌粉利用率较低、生成副产物较多，易造成主盐与酸的过度消耗，并且向镀液中引入了杂质元素，不能作为工业除氯的最优手段。彭天剑等提出过向溶液中直接引入 Cu^+ 的脱氯方法，主要反应为：

$$CuCN + H^+ \longrightarrow Cu^+ + HCN \tag{1.38}$$

$$Cu^+ + Cl^- \longrightarrow CuCl \downarrow \tag{1.39}$$

但 CuCN 的细微颗粒经呼吸道吸入人体后会产生急性中毒甚至导致死亡，并且在除氯的过程中会产生剧毒的氰化氢，一般不主张使用此种方法。

总之，亚铜法脱氯的过程总是伴随铜的歧化反应，Cu^+ 与 Cl^- 可能生成稳定的 $CuCl_2^-$ 配离子，且 Cu_2Cl_2 在水溶液中会发生分解反应：

$$Cu_2Cl_2 + 2H_2O \longrightarrow 2Cu(OH) \downarrow + 2HCl \tag{1.40}$$

$$Cu_2Cl_2 \longrightarrow CuCl_2 + Cu \downarrow \tag{1.41}$$

因此，综合因素导致氯的脱除效果不好。

（2）吸附法

水滑石类材料是一种层状化合物，主要由正电荷层和填充负电荷的阴离子层构成，水滑石类材料又称作层状双氢氧化物，其理想的分子式为：

$$\left[Mg_{1-x}^{2+} Al_x^{3+}(OH)_2 \right] (A^{n-})_{\frac{x}{n}} \cdot mH_2O$$

其中，M^{2+} 和 M^{3+} 分别表示二价和三价的金属阳离子；

A^{n-} 是层间填充的阴离子。

因为水滑石类材料层间填充的阴离子可与阴离子进行自由交换，故可作为较好的吸附剂用于阴离子的脱除。

Al-Mg 水滑石材料作为水中氯离子的吸附剂，其夹层负电荷可与阴离子进行可逆交换，水滑石这种阴离子交换特性，可应用于氯离子的脱除，镁铝水滑石对处理盐酸和氯离子有很好的作用，其反应机理如下：

$\left[Mg_{1-x}^{2+} Al_x^{3+}(OH)_2 \right] (A^{n-})_{\frac{x}{n}} \cdot mH_2O$ 在 450~800 ℃的焙烧条件下变成 Mg-Al 氧化物：

$$\left[Mg_{1-x}Al_x(OH)_2 \right] (CO_3)_{\frac{x}{2}} \longrightarrow Mg_{1-x}Al_xO_{1+\frac{x}{2}} + \frac{x}{2}CO_2 + H_2O \tag{1.42}$$

氧化物经过再水合与阴离子的结合可再生为水滑石：

$$Mg_{1-x}Al_xO_{1+\frac{x}{2}} + \frac{x}{n}A^{n-} + \left(1 + \frac{x}{2}\right)H_2O \longrightarrow Mg_{1-x}Al_x(OH)_2A_{\frac{x}{n}} + xOH^- \qquad (1.43)$$

Lv Liang 等用 ZnAl-NO$_3$ 水滑石来去除氯离子,分别考察了水滑石用量和离子交换温度的影响,表明 Zn,Al 的摩尔比为 2 时,对氯离子的去除有显著影响,溶液 pH 值在 5 ~ 8 时作用并不明显,并进行了动力学实验,得出阴离子交换的活化能为 10.27 kJ/mol。

(3)离子交换法

离子交换法是一种处理成本低、设备投资少、过程便于控制的除氯方法。氯离子交换树脂所具有的选择性碱性基团可以在水中生成 OH$^-$ 离子,通过与溶液中氯离子的交换作用,达到脱氯的目的。交换原理如下:

$$R-N(CH_3)_3OH + Cl^- \longrightarrow R-N(CH_3)_3Cl + OH^- \qquad (1.44)$$

邹晓勇等采用离子交换法开展了脱除硫酸锰液中的氯离子的研究,实验选用阴离子树脂为吸附剂,解析剂和转型剂均为硫酸,使体系发生如下反应:

$$R_2SO_4 + 2Cl^- \longrightarrow 2RCl + SO_4^{2-} \qquad (1.45)$$

实验取得了较好的脱氯结果。离子交换法是去除溶液中的氯离子的有效方法,去除率可达 85% 以上。然而,由于离子交换法的树脂再生比较困难,处理过程烦琐,用水量大,洗脱废水仍需进一步处理才能达到排放标准,去除工艺带来的成本问题也制约了除氯工作的开展。

(4)溶剂萃取法

溶剂萃取法脱氯主要使用的萃取剂为胺类萃取剂,萃取过程主要包括下述 3 步:

①萃取剂向水相或水相内界面的传递过程。

②萃取剂与氯离子发生作用生成萃合物。

③萃合物向有机相的传递和溶解扩散过程。

稀释剂在萃取过程中,不仅起到载体的作用,而且也参与萃取反应过程。

通过萃取条件试验得到了萃取脱氯的较佳条件,氯的一级萃取脱除率在 80% 左右,并且萃取后萃余液中的氯含量均能达到电解新液的标准,从萃取剂的性质及特点看,氯的最佳萃取酸度为 5 ~ 10 g/L。

(5)电化学法

在电化学法进行离子分离时,电渗析法的选择性较高,被广泛应用于无机离子的分离中。刘恒等将电渗析法应用于制高纯碳酸钙过程中氯离子的去除,实验采用自制三室有机玻璃电渗析器,电极采用高纯石墨电极,阴、阳离子交换膜为异相膜,反应方程式如下:

$$CaCl_2 + (NH_4)_2CO_3 \rightleftharpoons 2NH_4Cl + CaCO_3\downarrow \qquad (1.46)$$

碳酸钙沉淀过滤洗涤除去大部分氯离子后,滤饼放入电渗析器中室,搅拌使其悬浮,开启电源,调至所需电压开始电渗析,在电渗析实验开始前,吸附在碳酸钙表面的杂质离子受到浓度梯度的作用,将部分解吸下来进入水相,可达到提纯中室碳酸钙的目的。吴雪莲等尝试模拟含氯的硫酸锌溶液进行电化学脱氯实验,对相关影响因素进行研究,提出了一种处理低浓度含氯溶液的方法,能使氯离子浓度降低到 100 ppm 以内,并且操作简单方便,无二次污染物。脱氯主要机理为:铜电极氧化释放出的 Cu$^+$ 与溶液中的 Cl$^-$ 发生反应在电极表面生成了 CuCl(s),反应方程如下:

$$Cu^{2+} + Cu^+ + 2Cl^- \rightleftharpoons 2CuCl(s)\downarrow \qquad (1.47)$$

（6）氧化法

溶于水中的氯离子具有弱的还原性。在酸性条件下使 Cl^- 氧化为 Cl_2 的反应式为：

$$3Cl^- + NO_3^- + 4H^+ === Cl_2 \uparrow + 2H_2O + NOCl \tag{1.48}$$

$$5Cl^- + ClO^- + 2H^+ === 3Cl_2 \uparrow + H_2O \tag{1.49}$$

$$Cl^- + ClO^- + 2H^+ === Cl_2 \uparrow + H_2O \tag{1.50}$$

在 NO_3^- 浓度较低的情况下，反应(1.48)难以发生。反应(1.49)采用了不稳定的次氯酸盐，反应过程比较复杂，并且只有在 Cl^- 浓度相当高的浓盐酸中才会发生。而在浓度较低的盐酸溶液中，氯酸根与 Cl^- 会发生如下反应：

$$2Cl^- + 2ClO_3^- + 4H^+ === Cl_2 \uparrow + 2ClO_2 + 2H_2O \tag{1.51}$$

$$2ClO_2 === Cl_2 \uparrow + 2O_2 \uparrow \tag{1.52}$$

1.4.5 浸出液除磷

（1）钙盐除磷

在酸性浸取液中加入一定量的氧化钙，利用其溶于酸后产生的 Ca^{2+} 直接与 $H_2PO_4^-$、HPO_4^{2-} 和 PO_4^{3-} 作用生成难溶性的磷酸盐沉淀，达到除磷目的。除磷过程可能发生如下反应：

$$CaO + 2H^+ \longrightarrow Ca^{2+} + H_2O \tag{1.53}$$

$$Ca^{2+} + H_2PO_4^- + 2H_2O \longrightarrow CaHPO_4 \cdot 2H_2O + H^+ \tag{1.54}$$

$$Ca^{2+} + H_2PO_4^- \longrightarrow CaHPO_4 \downarrow + H^+ \tag{1.55}$$

$$3Ca^{2+} + 2H_2PO_4^- \longrightarrow Ca_3(PO_4)_2 \downarrow + 4H^+ \tag{1.56}$$

$$4Ca^{2+} + 2.5H_2O + 3H_2PO_4^- \longrightarrow Ca_4H(PO_4)_3 \cdot 2.5H_2O + 5H^+ \tag{1.57}$$

$$5Ca^{2+} + 7OH^- + 3H_2PO_4^- \longrightarrow Ca_5(OH)(PO_4)_3 \downarrow + 6H_2O \tag{1.58}$$

（2）铁盐除磷

根据磷酸铁的最小溶解度对应的 pH 值为 $5.0 \sim 5.5$，铁盐（Fe^{2+}、Fe^{3+}）常用作酸性体系下的除磷混凝剂。主要有硫酸亚铁、硫酸铁、氯化铁、聚合硫酸铁等。

硫酸亚铁（$FeSO_4 \cdot 7H_2O$）进行除磷时，离解出来的 Fe^{2+} 只能与磷酸根（PO_4^{3-}）生成简单的络合沉淀物，其混凝除磷的效果比 Fe^{3+} 较差，如反应(1.59)：

$$3Fe^{2+} + 2PO_4^{3-} \longrightarrow Fe_3(PO_4)_2 \downarrow \tag{1.59}$$

硫酸铁[$Fe_2(SO_4)_3$]、氯化铁（$FeCl_3$）进行除磷时，一方面 Fe^{3+} 与磷酸根直接相互作用，形成难溶性的 $FePO_4$ 沉淀，反应式为：

$$Fe^{3+} + PO_4^{3-} \longrightarrow FePO_4 \downarrow \tag{1.60}$$

另一方面 Fe^{3+} 会发生强烈水解，水解的同时发生聚合反应，生成具有较长线形结构的多核羟基络合物，如 $Fe_2(OH)_2^{4+}$、$Fe_3(OH)_5^{5+}$ 等，见表1.1。

表 1.1 铁离子（Fe^{3+}）沉淀平衡反应方程式及稳定常数

平衡反应	稳定常数
$Fe^{3+} + H_2O \longleftrightarrow Fe(OH)^{2+} + H^+$	$\log K = -2.2$
$Fe^{3+} + 2H_2O \longleftrightarrow Fe(OH)_2^+ + 2H^+$	$\log K = -5.7$
$2Fe^{3+} + 2H_2O \longleftrightarrow Fe_2(OH)_2^{4+} + 2H^+$	$\log K = -2.9$

续表

平衡反应	稳定常数
$Fe^{3+} + 3H_2O \longleftrightarrow Fe(OH)_3 + 3H^+$	$\log K = -12$
$Fe^{3+} + 4H_2O \longleftrightarrow Fe(OH)_4^- + 4H^+$	$\log K = -22$
$3Fe^{3+} + 4H_2O \longleftrightarrow Fe_3(OH)_4^{5+} + 4H^+$	$\log K = -6.3$
$Fe^{3+} + HPO_4^{2-} \longleftrightarrow (FeHPO_4)^+$	$\log K = 9$
$Fe^{3+} + H_2PO_4^- \longleftrightarrow (FeH_2PO_4)^{2+}$	$\log K = 13.4$
$mFe^{3+} + PO_4^{3-} + (3m-3)OH^- \longleftrightarrow Fe_mPO_4(OH)_{3m-3}(s)$	$m=1, \log K = -23; m=2.5, \log K = -97$
$1.6Fe^{3+} + H_2PO_4^- + 3.8OH^- \longleftrightarrow Fe_{1.6}PO_4(OH)_{3.8}(s) + H_2O$	$\log K = -67.2$

这些含铁的羟基络合物能有效地消除或降低水体中胶体的 ζ 电位,经电中和、吸附架桥及絮体的卷扫作用使胶体凝聚,再经络合沉淀作用将磷酸根去除。三价铁盐(Fe^{3+})除磷机理示意图,如图 1.2 所示。

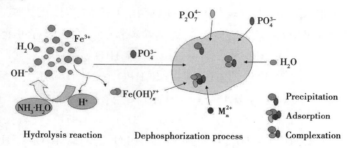

图 1.2　三价铁盐除磷机理示意图

(3)硫酸亚铁/双氧水除磷

实验发现硫酸铁(Fe^{3+})的除磷效率(99.64% 以上)明显高于硫酸亚铁(Fe^{2+})的除磷效率(92.17%),然而硫酸亚铁(Fe^{2+})的市场价格却显著低于硫酸铁(Fe^{3+})的市场价格。实验提出了采用 H_2O_2 氧化 Fe^{2+} 的方法(即 Fenton 法)获得新生态 Fe^{3+},提高除磷效率,降低除磷成本。

Fenton 法除磷时,硫酸亚铁($FeSO_4 \cdot 7H_2O$)被 H_2O_2 迅速氧化为新生态 Fe^{3+},如反应式(1.61—1.67)。相比陈化的 Fe^{3+},新生态 Fe^{3+} 具有更好的活性。同时 Fenton 反应过程中产生的 $OH \cdot$ 会促进焦磷酸根($P_2O_7^{4-}$)向正磷酸根(PO_4^{3-})的转化。

$$Fe^{2+} + H_2O_2 = Fe^{3+} + HO \cdot + HO^- \tag{1.61}$$

$$Fe^{2+} + HO \cdot = Fe^{3+} + HO^- \tag{1.62}$$

$$Fe^{3+} + H_2O_2 = Fe\cdots OOH^{2+} + H^+ \tag{1.63}$$

$$Fe\cdots OOH^{2+} = Fe^{2+} + HO_2 \cdot \tag{1.64}$$

$$HO \cdot + H_2O_2 = H_2O + HO_2 \cdot \tag{1.65}$$

$$HO_2 \cdot + Fe^{2+} + H^+ = Fe^{3+} + H_2O_2 \tag{1.66}$$

$$Fe^{2+} + H_2O_2 = Fe^{3+} + HO \cdot + HO^- \tag{1.67}$$

新生态 Fe^{3+} 再与 PO_4^{3-} 相互作用,达到除磷目的。

(4)聚合硫酸铁除磷

聚合硫酸铁(PFS)是一种具有多种核结构的新型无机高分子聚合物,由硫酸亚铁分子被氧化剂(H_2O_2、Cl_2、$KClO_3$、$NaClO$ 等)氧化成硫酸铁,再经水解、聚合等作用形成,其反应式如下:

氧化反应:$6FeSO_4 + KClO_3 + 3H_2SO_4 \longrightarrow 3Fe_2(SO_4)_3 + KCl + 3H_2O$　　　(1.68)

水解反应:$Fe_2(SO_4)_3 + nH_2O \longrightarrow Fe_2(OH)_n(SO_4)_{3-\frac{n}{2}} + \frac{n}{2}H_2SO_4$　　　(1.69)

聚合反应:$mFe_2(OH)_n(SO_4)_{3-\frac{n}{2}} \longrightarrow [Fe_2(OH)_n(SO_4)_{3-\frac{n}{2}}]_m$　　　(1.70)

相比硫酸铁,聚合硫酸铁具有较强的混凝作用、优良的净水效果,适用的 pH 值范围为 4 ~ 11,是一种高效的高分子铁盐絮凝剂。

(5)铝盐除磷

磷酸铝的最小溶解度对应的 pH 值范围为 6.0 ~ 7.0,因此 Al^{3+} 盐也适用于高磷锰矿浸出液在酸性条件下的除磷。

铝盐(Al^{3+})除磷的原理与铁盐(Fe^{3+})相似,一方面 Al^{3+} 与 PO_4^{3-} 直接反应,但并不是除磷的根本原因;另一方面,Al^{3+} 也会水解生成 $Al(OH)^{2+}$、$Al(OH)_2^+$ 及 AlO_2^- 等单核络合物,再经过进一步的碰撞缩合反应,形成具有各种形态的多核络合物 $Al_n(OH)_m^{(3n-m)+}$($n > 1, m \leqslant 3n$),如表 1.2 所示。

表 1.2　铝离子(Al^{3+})沉淀平衡反应方程式及稳定常数

平衡反应	稳定常数
$Al^{3+} + H_2O \longleftrightarrow Al(OH)^{2+} + H^+$	$\log K = -5.0$
$Al^{3+} + 2H_2O \longleftrightarrow Al(OH)_2^+ + 2H^+$	$\log K = -9.17$
$Al^{3+} + 2H_2O \longleftrightarrow AlO_2^- + 4H^+$	$\log K = -21.7$
$2Al^{3+} + 2H_2O \longleftrightarrow Al_2(OH)_2^{4+} + 2H^+$	$\log K = -6.3$
$6Al^{3+} + 15H_2O \longleftrightarrow Al_6(OH)_{15}^{3+} + 15H^+$	$\log K = -47.0$
$7Al^{3+} + 17H_2O \longleftrightarrow Al_7(OH)_{17}^{4+} + 17H^+$	$\log K = -48.8$
$8Al^{3+} + 20H_2O \longleftrightarrow Al_8(OH)_{20}^{4+} + 20H^+$	$\log K = -68.7$
$13Al^{3+} + 34H_2O \longleftrightarrow Al_{13}(OH)_{34}^{5+} + 34H^+$	$\log K = -97.4$
$Al^{3+} + 3H_2O \longleftrightarrow Al(OH)_3 + 3H^+$	$\log K = -33.0$

这些含铝的多核络合物带很高的正电荷,具有较大的比表面积,能够吸附溶液中带负电荷的杂质离子,中和胶体电荷,降低胶体的 ζ 电位,使胶体和杂质离子凝聚、沉淀,促进磷酸盐的去除。

(6)镧盐除磷

三价镧 La^{3+} 除磷,主要是依据 La^{3+} 水解产生大量的 $LaOH^{2+}$、$La(OH)_2^+$ 羟基络合物,能够吸附络合磷酸根 $H_2PO_4^-$、HPO_4^{2-},从而实现除磷目的,反应方程如下:

$$LaOH^{2+}/La(OH)_2^+ + H_2PO_4^- \longrightarrow La(H_2PO_4)_2^+ + OH^-　　　(1.71)$$

$$LaOH^{2+}/La(OH)_2^+ + HPO_4^{2-} \longrightarrow La(HPO_4)^+ + OH^-　　　(1.72)$$

需要注意的是,在 pH 值增大的过程中,La^{3+} 水解强度增强,产生的 $LaOH^{2+}$、$La(OH)_2^+$ 羟基络合物越多,吸附能力增强,但与此同时,吸附的锰离子也越多,造成较大的锰损。

（7）复合除磷剂的除磷实验研究

综合以上除磷剂，发现三价铁盐（Fe^{3+}）和三价铝盐（Al^{3+}）在酸性条件下对此高磷锰矿浸出液的除磷效果较佳。陶长元等对铁盐、铝盐和镧盐组成复合除磷剂，对除磷的方法进行了探究，增强了除磷剂的除磷效能，降低除磷成本。

分别取 20 mL 高磷锰矿浸取液（初始浓度 $c_p = 7\ 058.70$ mg/L，$c_{Mn} = 10.79$ g/L），加入不同 $n(Fe/P)$ 的聚合硫酸铁和不同 $n(Al/P)$ 的硫酸铝固体，搅拌混合，然后采用浓 $NH_3 \cdot H_2O$ 调节溶液反应 pH 值终点为 pH = 5，然后于室温（25 ℃）下，继续搅拌反应 30 min 后，结束实验。过滤混合溶液，分析滤液中的 P、Mn 含量，滤渣经过洗涤、烘干后用于表征分析。除磷结果如图 1.3 所示。

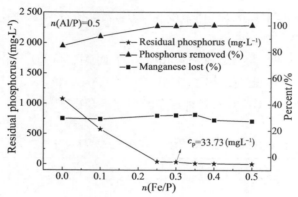

图 1.3　Fe-Al 复合除磷实验结果

如图 1.3 所示，在固定 $n(Al/P) = 0.5$ 的硫酸铝情况下，聚合硫酸铁的投加量 $n(Fe/P)$ 对除磷效果的影响。在 $n(Fe/P) = 0.3$ 时，即 $n(M/P) = n(Al/P) + n(Fe/P) = 0.8$，剩余 c_p 为 33.73 mg/L；继续增大聚合硫酸铁的投加量，除磷率的变化较小。

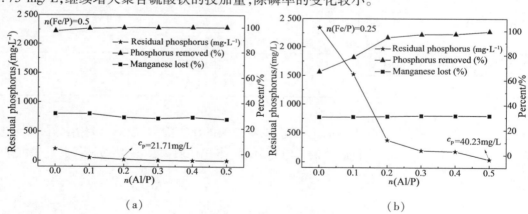

（a）　　　　　　　　　　　　　　　　（b）

图 1.4　Fe-Al 复合除磷实验结果

在图 1.4（a）中，固定聚合硫酸铁的投加量 $n(Fe/P)$ 为 0.5，硫酸铝的投加量对除磷效率影响较小，当 $n(Al/P) = 0.2$ 时，剩余磷浓度 c_p 达 21.71 mg/L。同样固定聚合硫酸铁的投加量 $n(Fe/P) = 0.25$ 时，如图 1.4（b）所示，磷酸根浓度随硫酸铝的投加量增加而增大，$n(Al/P) = 0.5$ 时，剩余磷浓度只能降到 40.23 mg/L。

因此，只有当加入的金属离子量 $n(M/P) = n(Al/P) + n(Fe/P) > 0.7$ 时，除磷效果才明显较好;并且 Al^{3+} 投加量少,而聚 Fe 投加量多的情况下,磷浓度低于 21.71 mg/L,说明聚合硫酸铁是主要的除磷剂。

1.5　硫酸锰直流电解

1.5.1　直流电耗的构成

电耗是构成电解锰生产成本的主项,直流电耗是指生产 1 t 电解锰在电解过程中所消耗的电能,包括电解电耗、电阻电耗,单位 kW·h/t。电阻电耗又分为阴极极间电耗、阳极板欧姆电阻电耗、接点电阻电耗。每生产 1 t 电解锰产品,消耗的电能近 7 000 kW·h,占产品总成本的 1/3 左右。

电耗是电解生产中一项综合技术指标,可用公式(1.73)表示:

$$W_{电耗} = V \times 10^3 / \eta \times C \tag{1.73}$$

式中　$W_{电耗}$——电解 1 t 锰直流电耗,kW·h/t;

　　　V——槽平均电压,V,$V_{平均电压} = V_{工作电压} + V_{线路分摊电压} + V_{效应电压}$;

　　　η——电流效率,%;

　　　C——锰的电化当量,$C = 1.025$ g·A^{-1}·h

电流效率是指电解过程中生产 1 t 电解锰理论上所必需的电能与实际上消耗的电能之比。

电流效率电流效率大小是用实际锰产量和理论锰产量之比来表示:

$$\eta = \frac{P_{实}}{P_{理}} \times 100\% \tag{1.74}$$

式中　$P_{实}$——实际锰产量,t;

　　　η——电流效率,%;

　　　$P_{理}$——理论锰产量,t。

其中,$P_{理}$ 为理论锰产量,可用公式(1.75)表示:

$$P_{理} = C \times I \times \tau \times 10^{-3} \tag{1.75}$$

式中　$P_{理}$——理论锰产量,t;

　　　C——锰的电化当量,$C = 1.025$ g·A^{-1}·h^{-1};

　　　I——电解槽系列平均电流,A;

　　　τ——电解时间,h。

1.5.2　直流电解电流效率影响因素及原因分析

(1)槽液 pH 值对电流效率的影响

在电解锰生产中,槽液 pH 值对电流效率影响很大,pH 值过高,$Mn(OH)_2$ 易沉淀,pH 值过低,阴极板上有大量的氢气析出,即过高或过低都会降低电流效率。要控制好槽液 pH 值,首先必须控制好进液的 pH 值,进液 pH 值太高或太低,都不利于槽液 pH 值的控制,引起电效下降。

硫酸锰电解液中,通常考虑在不形成氢氧化锰沉淀的情况下,尽可能提高溶液的 pH 值,通常使用的 pH 值范围为 8.1 ~ 8.4。

（2）电解液成分对电流效率的影响

1）槽液中锰浓度

电解液中保持一定锰离子浓度,以供给阴极沉积所需的锰,是保证电解正常进行的基本条件之一。锰离子的浓度太高或太低,都不利于电解,并会导致电流效率降低。锰离子浓度太低,阴极附近的锰发生贫化,阴极上锰慢,并会引起"起壳"现象。此外,锰离子浓度低造成氢的析出电位下降,氢离子在阴极放电析出引起电效降低;锰离子浓度太高,其迁移速度减慢,易产生 $Mn(OH)_2$ 沉淀。$Mn(OH)_2$ 沉淀吸附在金属锰表面,使氢的过电位降低,有利于氢的析出,电效降低,实际生产中依经验可知,当 pH 值、槽温较低,电流强度较大时,Mn^{2+} 浓度可高一些,反之则可低一些。生产中一般控制在 15 ~ 20 g/L 为宜。

2）进液锰浓度

合适的进液锰浓度是保证合适的槽液锰浓度的条件,进液锰浓度太高或太低,都不利于电解操作,且会引起电流效率下降。进液锰浓度太低,供给液流量大,槽液流速快,引起电解工艺不稳定,电流效率下降。进液锰浓度太高,槽液流速慢,锰离子扩散慢,导致电解槽中局部锰离子浓度过高,产生 $Mn(OH)_2$ 沉淀,局部锰贫化,使氢过电位减小,电流效率下降,一般电解锰生产进液锰浓度控制为 35 ~ 40 g/L 较好。

3）添加剂

早在 20 世纪 20 年代,英国的 A. N. Campbell 和 A. J. Allmand 就用陶瓷隔膜电解法电解出了金属锰。到 20 世纪四五十年代,电解锰成功采用了二氧化硫（SO_2）作为添加剂,在阴极液中添加 0.1 g/L 的二氧化硫,并调节电解液酸碱度至 pH 值为 8,即可获得致密的电解锰产品,电解锰才真正进入工业化生产。到 20 世纪 60 年代,在电解锰生产过程中,开始使用一种更加有效的添加剂二氧化硒。二氧化硒相比于二氧化硫做电解添加剂,其电流效率有所提高。

电解添加剂具有提高电流效率、抗氧化、转换晶型等作用,对电解锰工艺的进步有着举足轻重的作用。主要有下述几个方面。

①抗氧化:在电解锰的过程中,要提高阴电流效率,减少阴极 H_2 的析出,在电解过程中就必须添加抗氧化剂。由于 Mn^{2+} 在高 pH 值的条件下,就很容易被氧化成高价化合物——$MnOOH$、Mn_2O_3 和 MnO_2,此时,就会使电解锰过程不能正常进行。如果电解液中加入抗氧化剂,不仅能防止 Mn^{2+} 氧化,而且即使电解锰过程中生成了高价氧化锰颗粒,也会被所加入的抗氧化剂还原消失,所以电解锰过程中必须加入抗氧剂使电解阴极溶液保持还原性。

②提高电解锰的电流效率:添加剂 SeO_2 或 SO_2,在电解锰过程中,SeO_2 或 SO_2 会在阴极上还原,生成元素 Se 或 S,它们会吸附在阴极上,占据阴极表面,抑制氢离子的放电和在阴极的还原,提高氢的析出超电势,从而提高电解锰过程的电流效率。例如 SeO_2 在电解锰过程中做添加剂时阴极可以观察到有红色的硒吸附,这是因为硒在电解锰过程中与锰发生了共沉积。

③促使电解锰晶型转变:Dean 认为,在电解锰的过程中,先以 γ 晶型（bct）锰进行沉积,不仅不能持续很久,还会降低电流效率,除非使用极纯的电解液。为了能够长时间地,且在高电流效率下进行电解锰,必须加入适宜的添加剂（二氧化硒、二氧化硫等）,这时锰会由 γ 晶型转为以常温下稳定的 α 晶型（bcc）锰进行沉积。研究结果表明,α-Mn 的抗腐蚀性比 γ-Mn 的更好,且 α-Mn 的析氢超电势要更高,更有利于金属锰的电解,提高电流效率。

④使晶体致密,减少枝晶、锰结生成:有机添加剂中的不饱和键（N＝N、C＝O、C＝S 等不

饱和键)在锰的电解过程中会分解成极性小分子,吸附在一些活性高、生长快的晶面上,导致晶粒不易长大,从而阻止了晶面的生长,结果使得阴极锰片致密,且平滑光亮。

⑤抑制 Mn^{2+} 在电解过程中在阳极转化成 MnO_2(阳极泥):在锰的电解过程中,阳极会同时发生两个主要的竞争反应,一个反应是 MnO_2 的沉积,另一个反应是放出氧气。众所周知, MnO_2 的生成会降低电流效率,且造成污染和浪费资源,所以应该采取措施抑制二氧化锰的沉积。研究发现,在电解过程中加入适当的添加剂能有效地阻止 Mn^{2+} 被氧化生成 MnO_2,从而减少电解过程中阳极产生的阳极泥。

⑥增强电解锰过程中对杂质元素的容忍能力:如果电解过程中含有铁、铜、铅、镍、钴等重金属杂质,它们会与金属锰同时沉积出来,不仅降低电流效率,还会使所得的产品不合格。如果长时间电解,析出的锰表面会形成黑色的斑点。因此,在实际生产过程中,电解锰工艺对金属杂质特别是重金属杂质非常敏感,要求非常纯净的电解液。添加硫酸银、碱金属氟化物、二氧化硫、乙二胺等能减轻重金属的危害作用。

4)硫酸铵浓度对电流效率的影响

电解锰生产中,硫酸铵的主要作用如下所述。

①增加溶液的导电性能。

②作为溶液的酸碱缓冲剂。硫酸铵作为强电解质,在溶液中起增强导电性能降低槽压的作用。在生产中,硫酸铵的导电性能是很明显的。硫酸铵浓度太低,电压一定时,电流明显降低,说明电阻增大,电导率降低,槽电压增大;硫酸铵浓度太高时,槽阻也增大。这是由于硫酸铵浓度太高,溶液黏度增大,电阻增大。并且硫酸铵浓度太高(大于 140 g/L),容易引起隔膜袋板结,使电解不能正常进行,同时会使沉积锰出现斑点,硫酸铵作为缓冲剂,在接近 130 g/L 时缓冲能力最强,考虑到硫酸铵的各种影响,生产实际中硫酸铵浓度控制在 (120 ± 10) g/L 最合适。

(3)电流密度对电流效率的影响

电解锰生产中,阴极上存在着两个反应,即:

$$Mn^{2+} + 2e^- \longrightarrow Mn \downarrow \qquad E_{(01)} = -1.158 \text{ V} \qquad (1.76)$$

$$2H_2O + 2e^- \longrightarrow H_2 \uparrow + 2OH^- \qquad E_{(02)} = -0.414 \text{ V} \qquad (1.77)$$

从 $E_{(01)}$ 与 $E_{(02)}$ 的大小来看,氢气的析出应先于锰的沉积。实际上,因为氢的析出有较高的过电位,阴极反应主要进行反应(1.76),但也还有部分反应(1.77)发生。生产中提高电流效率,其实质就是提高析氢过电位,抑制析氢反应,从而使锰沉积反应得以顺利进行。

根据塔菲尔公式:

$$\eta = a + b \log i \qquad (1.78)$$

式中,氢的过电位 η 与电流密度 i 的对数呈直线关系。增大电流密度,可增大氢的过电位,提高电流效率。实际生产中电流密度不能控制太大。太大时,电积锰易形成瘤状结晶,使阴极的实际面积增大,电流密度降低,氢的过电位降低,电效降低,同时产品含 S 高。生产中电流控制为 330 ~ 380 A/m² 较为适宜。

其实,根据前面电解能耗的构成出发,通过电流效率对电解能耗的影响,也能得出增加电流密度提高电流效率,从而达到降低电解能耗的目的。

(4)电解液温度对电流效率的影响

电解锰生产中,槽温对槽电阻即槽液的电导率影响很大。电压一定时,槽温低,电流上不

去,即槽液电导率小,槽阻大。槽温对电导率的影响可以从电导率测定的温度校正公式(1.79)中得到解释,即:

$$K_T = K_s[1 + a(T - 25)]$$ (1.79)

式中　K_T——温度 T 时溶液的电导率;

　　　a——常数。

溶液的电导率随温度的升高而升高,槽阻随温度的升高而降低,槽压也随槽温的升高而降低。但生产中,槽温不能控制得太高,因为氢的过电位随槽温的升高而降低,导致电流效率降低。槽温过高,易发生析氢反应,槽子发碱,电解不能正常进行。I. V. Gamali 等认为,温度偏低,沉积锰会形成树枝状结晶,高于 45 ℃则会形成粗晶粒,这两种晶形都会显著降低电解液导电性。

根据电解锰厂多年生产实践,槽液温度控制为 34 ~ 40 ℃,可得到较高的电流效率。当槽液温度高于 45 ℃时,电流效率会降低,当槽液温度高于 50 ℃时,阴极会大量析氢,电解操作难以进行。因随着温度的升高,氢析出的电化学极化比锰析出的电化学极化减少得快一些,所以有利于氢析出。为了排除电解过程放出的热的影响,对于 3 000 A 电流的电解槽,在两侧装 $\phi 33$ mm,厚 3 mm,长 4 m 的蛇形铅管进行冷却。

(5)杂质对电流效率的影响

不管是采用碳酸锰矿做原料还是用氧化锰矿做原料,与硫酸反应后,溶液中都存在着一定量的铁和铜、铅、镍、钴等重金属杂质。由于铜、铅、镍、钴和铁的标准电位与 Mn 的标准电位(在硫酸锰介质中)比较接近,在电解锰的同时会将铁、铜、铅、镍、钴一同电解出来,它们与 H^+ 反应生成氢气,不但降低了电流效率,同时降低了金属锰的含量,使产品不合格。长时间电解析出锰,其表面可以看到一定形状的孔并使表面形成黑色斑点。工艺上一般采取 SDD 或乙硫氮做重金属的沉淀剂,在一定的 pH 值条件下,利用 SDD 或乙硫氮与重金属反应生成难溶性的沉淀,从而将此金属杂质除掉。

各杂质的最大容许值见表1.3。

表1.3　各杂质的最大容许值　　　　　　　　　　　　　单位:mg/L

元素	MgO	CaSO₄	Co	Sb	Ni
含量	8 g/L	1 ~ 1.2 g/L	0.5	75	1
元素	Ag	Cu	Zn	Fe²⁺	As⁵⁺
含量	2	5	20	15 ~ 20	24

(6)阴极沉积时间

随着电解时间的延续,阴极析出锰表面变粗糙,甚至产生粒状或树状结晶,电流效率降低,所以电解时间不宜过长。但沉积时间过短,不但会增加出槽数,增大工作量,而且也会增加氨水和 SeO_2 耗量。因此,国内电解锰厂出槽周期一般为 24 h。

此外,除上面述及的外,影响电流效率的还有电解槽的制作安装质量,电解槽运行管理等,姚镇田等还探讨了电极材料、电极表面状态以及阴阳极的面积之比对电流效率的影响。

在电解锰生产中,影响电耗和电流效率的因素很多,各条件的控制我们要根据实际情况综合考虑,不但要能达到最高电流效率,最低槽电压,降低电耗的目的,而且还要考虑产品的质量指标。在能满足电解锰产品质量的前提下,达到降低电耗的目的,各因素的选择都有个最佳范围。

1.6　电解锰渣处理现状

1.6.1　电解锰渣"三化"处理

目前电解锰企业基本采用的是湿法工艺,以菱锰矿为原料,通过酸浸、净化、电积的方法制备金属锰。电解锰的工艺流程如图 1.1 所示,从图 1.1 中看出,电解锰生产的过程包含矿石破碎制粉、硫酸浸出压滤、电解钝化、烘干剥离等工艺生产过程,酸浸未反应完全的尾矿以及电解过程产生的酸浸渣和硫化渣为主要固体污染物。

根据电解锰的生产原理和流程图可知,电解过程中产生了两种废渣,即粗压渣和精压渣,也就是酸浸渣和硫化渣,其化学组分很不相同,现今电解锰厂渣库中均为酸浸渣和硫化渣的混合物,数量巨大且成分复杂,这无疑增加了电解锰渣的研究与处置难度。

关于锰渣的"三化"原则包括:

(1)减量化

减量化是指通过某种手段减少固体废物的产生量和排放量。由于我国电解锰企业的设备落后、管理粗放等原因,出现了计量不精确、控制不严格等实际问题,导致氨水的实际添加量超过理论值,不仅造成资源浪费,而且也引发了锰渣中残留氨氮含量高的问题。彭晓成等出氨氮减量化的观念,通过改革生产工艺来达到严格控制工艺参数,实现对溶液 pH 值和 Fe^{3+} 等部分重金属离子实时在线监控,据此反馈来调控氨水的加入量。此方法能对今后减少渣中的氨氮污染提供新的思路。

(2)无害化

无害化是指产生无法或暂时尚不能综合利用的固体废物,经过物理、化学或者生物的方法,进行对环境无害或低危害的安全处理、处置,达到废物的消毒、解毒或稳定化。

(3)资源化

资源化是指采取管理或者工艺的措施从固体废物中回收有用的物质和能源,创造经济价值的广泛的技术方法。

"三化"间的关系为以减量化为前提,以无害化为核心,以资源化为归宿,研究锰渣"三化"有着重要的价值。

1.6.2　电解锰渣堆存现状

目前,我国大部分电解锰企业对电解锰渣采取渣库堆存的处置方法。电解锰渣作为一种高含水率(25%～28%)、颗粒细小(40～250 μm)的工业废弃物,在环境中的迁移性和流动性好。电解锰渣的迁移性表现为:因锰渣中含有硫酸钙、硫酸锰、硫酸铵及硫酸锰铵等水合物,其自身含水和自然降水作用下,形成含氨氮和金属锰离子等有害物质的渗滤液,进入水体中污染环境,这早已引起我国各级政府的高度重视。党和国家领导人多次做出批示,要求解决锰污染的问题。而电解锰渣的流动性好主要表现为:电解锰渣本身颗粒细,其中含有 60 wt% 左右的石膏,多为无定型态和二水石膏,使得电解锰渣的强度差,流动性好,容易引起溃坝事故的发生。2009 年 5 月在湖南省湘西土家族苗族自治区花垣县与峰云矿业相邻的兴银锰业连续两次出现垮坝事故,造成人员伤亡及 209 国道中断。2010 年 4 月 10 日,湖南花垣县峰云矿业公司锰渣库发生溃坝事故,事故造成 6 人遇难。

早期我国电解锰企业大部分电解锰渣库在建设过程中没有考虑防渗以及侧渗等渗漏问题,电解锰渣在渣场长期露天堆放过程中加上雨水的淋溶,使得一些重金属离子与氨氮随着雨水进入周边的河流及地下水,导致了一系列的环境污染问题,其中最为主要的是对当地的地下水以及土壤造成严重污染。众所周知,重金属为环境中的持久污染物,它在环境中具有一定的累积作用,当电解锰渣中的重金属和氨氮进入环境,就会严重破坏当地的生态平衡,另外,人类的活动进一步加速了重金属离子在整个生物地球化学循环,从而导致重金属浓度在环境中呈逐渐增加的趋势。当这些重金属含量超过环境最大容量时,更加容易导致环境污染的产生,而污染一旦产生,就很难用常规方法消除。在早期日本以及美国等发达资本主义国家,电解锰渣先采用消石灰固化,再进行掩埋处理,后来,由于电解锰企业污染严重,就干脆直接关掉整个电解锰渣企业,把电解锰企业产生的污染转移到其他国家。因此,对全世界电解锰企业来说,如何把电解锰渣及渗滤液加以综合利用和合理开发,不仅仅能解决当前锰矿资源短缺问题,更为重要的是能够给社会带来巨大经济和环境效益。

1.6.3 电解锰渣的危害

电解锰渣是电解锰生产过程中碳酸锰矿经酸浸、中和、压滤工序后产生的废渣。由于历史和技术的原因,我国现存露天堆存的电解锰渣高达 5 000 万 t,已成为环境和安全的一大隐患。随着锰矿资源的日益消耗,碳酸锰矿主流品位已经降至 13%,一些企业甚至采用 9% 的碳酸锰矿进行生产,导致每生产 1 t 电解锰就要排放高达 10~15 t 的电解锰渣,进一步加重了电解锰渣处置的难度和环保压力。电解锰渣作为一种工业废弃物,含水率高(23%~28%)、颗粒细小(40~250 μm),尤其是含有大量的氨氮和 Mn、Zn、Cu、Ni、Co 等重金属(表 1.4),极易污染环境。目前我国的电解锰企业大多数是将废渣送到堆场(图 1.5),采用筑坝湿法堆存的方式处置,受降雨影响,电解锰渣中大量的重金属离子和氨氮,随地表径流渗入周围水体和土壤中,既污染了环境,又造成了资源的浪费。电解锰渣的危害主要体现在以下几方面。

表 1.4 电解锰渣部分元素含量   单位:wt%

元素	N	Ca	S	Mn	Fe	Mg	Zn	Pb	Cu	Co	Ni
含量	1.68	3.51	8.00	4.06	1.25	1.83	0.01	0.01	0.004	0.005	0.003

(a)渗滤液　　　　　　　　(b)渣库　　　　　　　　(c)锰渣

图 1.5 电解锰渣及渣库

（1）污染环境

电解锰渣中含有大量的可溶性锰、氨氮、硫酸盐及重金属。受降雨影响,电解锰渣在堆存过程中产生大量的渗滤液,其中含有高浓度的锰离子、氨氮等(表 1.5)。大量锰离子进入水体能造成水生生物的神经传导错乱,进而影响生长。我国污水排放标准规定废水中的锰不能超过 2 mg/L,巴西污水排放标准规定废水中锰浓度应小于 1 mg/L。过量的锰元素进入土壤中能引起植物体内大量活性氧的产生,抑制植物的生长,还可能诱发植物缺钼、铁等。姜焕伟等对某电解锰厂周围水体进行检测,发现 COD、氨氮、铅、硒、锌等污染物的含量明显高于其他点位,该厂周围地下水中锰、氨氮、COD、硒、铬、镉、砷的含量较高,河底沉积泥中锰和氨氮的含量在靠近厂区位置较高,这些均表明电解锰生产过程排出的污染物对周围环境造成了严重的影响。粟银等指出,基于风险评价指数,电解锰渣在堆存过程中重金属潜在的危害顺序为 Mn ＞ Co ＞ Zn ＞ Cu ＞ Cr ＝ As ＝ Pb,积累指数法表明锰对人体健康和生态系统潜在的危害最大,改进的潜在生态风险指数表明重金属的潜在危害顺序为 As ＞ Cu ＞ Mn ＞ Co ＞ Pb ＞ Cr ＞ Zn。粟银等发现湖南某硫酸锰渣场周围的土壤中 Mn、Cu、Zn、Cd、Pb 的含量远超环境背景值和国家土壤环境标准,其中 Mn 超出标准的 150 倍,且在土壤中分布形态的顺序为铁锰氧化态→残渣态→可交换态→有机态→碳酸盐态;大量氨氮随渗滤液进入水体,易造成水体富营养化,导致大量水生生物死亡。为保护生态环境,国家污染水排放标准 GB 8978—1996 要求企业排入水体的氨氮不能超过 15 mg/L。

表 1.5　渣场渗滤液污染物含量　单位:mg/L

成分	甲渣库	乙渣库	污水排放标准(一级)
锰	531	531	2
氨氮	402.5	795.8	15
COD	1 900	100	100
铅	0.392	0.392	1
锌	0.207	0.207	2
六价铬	0.004	0.004	0.5
镉	0.037	0.037	0.1
pH 值	6.85	7.08	6 ～ 9

电解锰渣的主要成分是钙、镁、铝、硅等物质,缺乏有机物质,长期堆存会破坏周围环境的生物多样性。另外在我国北方露天堆存的电解锰渣,长期风吹日晒,小粒径的渣会飘散到空气中,污染大气和周围环境。

（2）影响人体健康

电解锰渣中的重金属和氨氮,在环境中迁移,进入周围土壤和水体,直接或间接通过食物链对人体产生危害。人体若摄入过量的锰元素,会出现胰岛素、新陈代谢等生理特征的紊乱,严重时引起畸形、致癌、基因突变等。急性锰中毒表现为头痛、胸闷、寒战、肌张力障碍、帕金森病等症状,慢性锰中毒主要损伤神经系统,长期暴露于锰污染的环境也会引起帕金森病。人体若摄入过量的硒元素,硒会聚集在肝脏、肾、肺、心脏以及血液中,引起消化不良、四肢麻木、毛发脱落、指甲畸变等不良症状。食用含过量镉的食物会伤害肾、肝等身体器官。氨氮在水体中能被微生物分解为亚硝酸氮盐,人体若长期饮用氨氮超标的水,亚硝酸氮盐与人体中的蛋白质结合形成亚硝胺,会使人体中毒,而且它还有致癌作用。

（3）占用土地

目前,电解锰渣资源化利用的研究还处于探索阶段。我国大部分电解锰企业对电解锰渣采取渣库堆存的处置方法。企业需要征用大量土地,加重了企业的负担。

总之,电解锰渣不经预处理直接在渣库中堆存,由于重金属和氨氮的迁移,对周围环境和人体健康带来非常大的隐患。倘若电解锰渣在堆存过程中引起的污染问题不能有效解决,将引起一系列社会矛盾。

参考文献

[1] 丁楷如,余逊贤.锰矿开发与加工技术[M].长沙:湖南科学技术出版社,1992.

[2] 李文郁.从贫锰矿制取硫酸锰的工艺初探[J].无机盐工业,1991(4):14-17.

[3] 钟慧芳,蔡文六,李雅芹,等.细菌浸出天台山锰矿半工业性试验[J].无机盐工业,1989(5):1-5.

[4] 贺周初,彭爱国,郑贤福,等.两矿法浸出低品位软锰矿的工艺研究[J].中国锰业,2004,22(2):35-37.

[5] 田宗平,朱介忠,王雄英,等.两矿加酸法生产硫酸锰的工艺研究与应用[J].中国锰业,2005,23(4):4-26.

[6] 袁明亮,梅贤功,陈工,等.两矿法浸出软锰矿的工艺与理论[J].中南工业大学报,1997,28(4):329-332.

[7] 袁明亮,梅贤功,邱冠周,等.两矿法浸出软锰矿时元素硫的生成及其对浸出过程的影响[J].化工冶金,1998,19(19):161-164.

[8] 张昭,刘立泉,彭少方.二氧化硫浸出软锰矿[J].化工冶金,2000,21(1):103-107.

[9] 欧阳昌伦,谢兰香.锰矿湿法脱硫过程中影响连二硫酸锰生成的主要因素[J].化工技术与开发,1983(3):60-66.

[10] 刘启达.高效实用的软锰矿浆脱硫新技术和流程[J].广东化工,1998(2):19-20.

[11] 余逊贤.锰[Z].长沙:冶金工业部长沙黑色冶金矿山设计院,1980.

[12] 朱道荣.软锰矿—硫酸亚铁的酸性浸出[J].中国锰业,1992,10(1):30-31.

[13] 袁明亮,庄剑鸣,陈荩.用硫酸亚铁渣直接浸出低品位软锰矿[J].矿产综合利用,1994(6):6-9.

[14] 王德全,宋庆双.用硫酸亚铁浸出低品位锰矿[J].东北大学学报:自然科学版,1996,17(6):606-609.

[15] 李同庆.低品位软锰矿还原工艺技术与研究进展[J].中国锰业,2008,26(2):4-26.

[16] 粟海锋,文衍宣.一种半氧化锰矿浸出工艺[P].中国发明专利,CN101886168A,2010-11-17.

[17] 高玉洋,粟海锋,文衍宣.半氧化锰矿的直接还原浸出工艺研究[J].广西大学学报:自然科学版,2013(03):632-637.

[18] 陈家镛.湿法冶金手册[M].北京:冶金工业出版社,2005:1243-1268.

[19] MENDONCA D A J A,Reis de Castro M M,et,al. Reuse of furnace fines of ferro alloy in the electrolytic manganese production[J]. Hydrometallurgy,2006,84:204-210.

[20] ZHANG W S,CHENG C Y. Manganese metallurgy review. Part I:leaching of ores/secondary materials and recovery of electrolytic/chemical manganese dioxide [J]. Hydrometallurgy,2007,89:137-159.

[21] 曾湘波.国外电解锰的生产概况[J].中国锰业,2000,18(2):7-11.

[22] MNRTI R. Electrodeposition of Manganese from Aqueous Manganese Sulphate Solutions[J]. Indian Journal of Technology,1986,24(5):270-274.

[23] 周元敏,梅光贵.电解锰阴、阳极过程的电化学反应及提高电流效率的探讨[J].中国锰业,2001,19(1):17-19.

[24] WEI P,HILEMAN J O E,BATENI M R,et al. Manganese deposition without additives[J]. Surface & Coatings Technology. 2007,201:7739-7745.

[25] 钟少林,梅光贵,钟竹前.金属锰电解的电流效率分析[J].中国锰业,1991,9(1):59.

[26] 石荣华.电解锰添加剂的作用[J].四川冶金,1990(3):43-44.

[27] GONG J,ZANGARI G. Electrodeposition and characterization of manganese coatings[J]. Journal of the Electrochemical Society,2002,149(4):C209-C217.

[28] 孙大贵,刘兵,刘作华,等.电解锰复合添加剂的实验研究[J].中国稀土学报,2008(26):934-937.

[29] DIAZ A P,TREJD G. Electrodeposition and characterization of manganese coatings obtained from an acidic chloride bath containing ammonium thiocyanate as an additive[J]. Surface & Coatings Technology,2006,201:3359-3367.

[30] 徐莹,苏仕军,孙维义.脱硫尾渣中硫酸铵及锰离子的洗涤回收[J].中国锰业,2011,29(1):17-23.

[31] 孟小燕,蒋彬,李云飞,等.电解锰渣二次提取锰和氨氮的研究[J].环境工程学报,2011,5(4):903-908.

[32] ZHOU C B,WANG J W,WANG N F. Treating electrolytic manganese residue with alkaline additives for stabilizing manganese and removing ammonia[J]. Chem. Eng,2013,30(11):2037-2042.

[33] 齐牧,张文山,崔传海,等.利用锰渣代替部分氨水中和除铁生产电解锰的方法[P].中国发明专利:200810012336.4.2008-11-19.

[34] 李明艳.电解锰渣资源化利用[D].重庆:重庆大学,2010.

[35] HONG L C,LIU R L,LIU Z H,et al. Immobilization of Mn and NH_4^+-N from electrolytic manganese residue waste[J]. Environ Sci Pollut Res,2016,23(12):12352-12361.

[36] 陈祥,陈英文,彭慧,等.磷酸铵镁沉淀法处理氨氮废水及沉淀剂的回用[J].化工环保,2008(01):16-19.

[37] NELSON N O,MIKKELSEN R L,HESTERBERG D L. Struvite precipitation in anaerobic swine lagoon liquid:effect of pH and Mg:P ratio and determination of rate constant[J]. Biresour Technol,2003(89):229-236.

[38] 韩少华,唐浩,黄沈发.重金属污染土壤螯合诱导植物修复研究进展[J].环境科学与技术,2011,34(6G):157-163.

[39] 张新艳,王起超,张少庆,等.沸石作稳定化剂固化/隐定化含汞危险废弃物试验[J].环境科学学报,2009,29(9):1858-1863.

[40] 韩怀芬,黄玉柱,金漫彤,等.铬渣的固化/稳定化研究[J].环境污染与防治,2002,24(4):199-200.

[41] 李柏林,李晔,汪海涛,等.含砷废渣的固化处理[J].化工环保,2008,28(2):153-157.

[42] 蒋建国,王伟,范浩,等.砷渣和铬渣的药剂稳定化研究[J].环境科学研究,1998,11(1):30-31.

[43] 胡南,周军魅,彭德姣,等.硫酸锰废渣的浸出毒性与无害化处理的研究[J].中国环境检测,2007,23(2):100-102.

[44] CAMACHO J,WEE H Y,KRAMER T A,et al. Arsenic stabilization on water treatment residuals by calcium addition[J]. Journal of Hazardous Materials,2009(165):599-603.

[45] LIU T,WU K,ZENG L H. Removal of phosphorus by a composite metal oxide adsorbent derived from manganese ore tailings [J]. Journal of Hazardous Materials,2012,217-218:29-35.

[46] ZHANG W H,HUANG H,TAN F F,et al. Influence of EDTA washing on the species and mobility of heavy metals residual in soils[J]. Journal of Hazardous Materials,2010,173:369-376.

[47] XU Y H,LEI B,GUO I Q,et al. Preparation characterization and photocatalytic activity of manganese doped TiO_2 immibilized on silica gel[J]. Journal of Hazardous Materials,2008,160:78-82.

[48] CHANDRA N,AMRITPHALE S S,PAL D. Manganese recovery from secondary resource:A green process for carbothermal reduction and leaching of manganese bearing hazardous waste [J]. Journal of Hazardous Materials,2011,186:293-299.

[49] MARIAG D F,MICHELLE M D O,LUIZA N H A. Removal of cadmium,zinc,manganese and chromium cations from aqueous solution by a clay mineral[J]. Journal of Hazardous Materials,2006(B137):288-292.

[50] 刘作华,李明艳,陶长元,等.从电解锰渣中湿法回收锰[J].化工进展,2009,28(s1):166-168.

[51] 王吉林,徐龙君,陈红冲.用铵盐焙烧法回收电解锰渣中锰的研究[J].江苏科技信息:学术研究,2010(1):114-116.

[52] 段宁,周长波,杜兵,等.一种电解锰废渣中可溶性锰回收的方法[P].中国发明专利,CN201110001844.4.

[53] 段宁,于宏兵,王瑢,等.一种采用阳极液提取锰渣中可溶性锰的成套清洁生产工艺[P].中国发明专利,CN200810105107.7.

[54] 杜兵,周长波,曾鸣,等.回收电解锰渣中的可溶性锰[J].化工环保,2010,30(6):526-529.

[55] 徐莹,苏仕军,孙维义.脱硫尾渣中硫酸铵及锰离子的洗涤回收[J].中国锰业,2011,29(1):17-23.

[56] 周正国.锶锰尾矿对环境的影响及其资源化利用研究[D].重庆:重庆大学,2009.

[57] 李焕利,李小明,陈敏.生物浸取电解锰渣中锰的研究[J].环境工程学报,2009,3(9):1667-1672.

[58] 唐娜娜,马少健,莫伟.从某锰矿浸渣中回收钴的浮选试验研究[J].有色矿冶,2006,22(z1):8-9.

[59] 唐娜娜,马少健.从金属锰厂锰矿浸渣中回收钴的试验研究[D].南宁:广西大学,2006.

[60] 欧阳玉祝,彭小伟,曹建兵,等.助剂作用下超声浸取电解锰渣[J].化工环保,2007,27(3):257-259.

[61] 彭小伟,欧阳玉祝,李佑稷,等.电解锰废渣中霉菌的分离驯化及吸附特性研究[J].中国锰业,2008,27(2):24-27.

[62] 柯国军.煅烧锰渣取代水泥胶结材水化机理[J].中南工学院学报,1997,11(2):8-13.

[63] 霍冀川,卢忠远,吕淑珍,等.工业废渣代替黏土生产普通硅酸盐水泥的研究[J].矿产综合利用,2001(5):36-40.

[64] 李文斌,喻文国,田斌守.硅锰渣生产普通硅酸盐水泥[J].技术与装备,2003,5(1):57-58.

[65] 安庆锋,陈平,李红.锰铁合金渣用于绿色生态水泥的研究[J].铁合金,2007,6(2):45-48.

[66] 刘惠章,江集龙,电解锰渣替代石膏生产水泥的试验研究[J].水泥工程,2007(2):78-81.

[67] 蒋小花,王智,侯鹏坤,等.用电解锰渣制备免烧砖的实验研究[J].非金属矿,2010,33(1):14-17.

[68] HOU P K,QIAN J S,WANG Z,et al. Production of quasi-sulphoaluminate cementitious materials with electrolytic manganese residue[J]. Cement & Concrete Composites,2012,34(2):248-254.

[69] 柯国军,刘巽伯.电解锰废渣胶凝材料[J].硅酸盐建筑制品,1995,23(4):28-31.

[70] 覃峰.锰渣废弃物在建筑材料上的应用研究[J].混凝土,2008,1(3):64-68.

[71] 冯云,刘飞,包先诚.电解锰渣部分代石膏作缓凝剂的可行性研究[J].水泥,2006,11(2):22-24.

[72] FENG Y,CHEN Y X,LIU F,et al. Studies on replacement of gypsum by manganese slag as retarder in cement manufacture[J]. China National Chemical Industry,2006,4(2):57-60.

[73] 关振英.电解锰生产废渣用作水泥生产缓凝剂的研究[J].中国锰业,2000,18(2):36-37.

[74] LIU H Z,JIANG J L. Experiments on producing cement by using electrolytic manganese slag as the substitute for gypsum[J]. The Environmentalist,2007,15(2):78-80.

[75] 吕晓昕,田熙科,杨超,等.锰渣废弃物在硫黄混凝土生产中的应用[J].中国锰业,2010,28(2):47-50.

[76] 兰家泉,王槐安.电解锰生产废渣为农作物利用的可行性[J].中国锰业,2006,24(4):23-25.

[77] 许中坚,刘广深,刘维屏.土壤中溶解性有机质的环境特性与行为[J].环境化学,2003,22(5):427-433.

[78] JUNICHI K,HACHIROJI Y. Calcium silicate fertilize containing manganese from manganese

slag[J]. Trudy Bashkirskogo Sel'skokhozyaistvennogo Instituta,1954,12(Pt. 2):15-30.

[79] TAICHINOVA A S. Manganese ore in Bashkia and propects for their use in agriculture[J]. Trudy Bashkirskogo Sel'skokhozyaistvennogo Instituta,1968,13(Pt. 1):37-40.

[80] 钱发军,赵凤兰,邓挺. 新型锰肥在小麦上的应用的效果[J]. 河南农业科学,2002, 2(11):31-32.

[81] 兰家泉. 电解锰生产"废渣"——富硒全价肥的开发利用研究[J]. 中国锰业,2005, 23(4):27-30.

[82] 兰家泉. 电解锰生产废渣对小麦肥效应的研究[J]. 中国锰业,1997,15(4):46-48.

[83] 兰家泉. 玉米生产施用锰渣混配肥的肥效试验[J]. 中国锰业,2006,24(2):43-44.

[84] 谢金莲. 锰尾矿中锰对作物的营养效应研究[D]. 重庆:重庆大学,2005.

第2章
电解锰过程非线性现象及机理

2.1 电解锰过程中的电化学振荡现象

经典物理化学通常以平衡态为研究对象。然而,在推动物质从一种化学形态向另外一种化学形态转变的过程中,体系更多的是处于远离平衡的状态。当系统处于非平衡态下时,在系统动力学方程中某些非线性动力学项的作用会随之增强,从而导致方程产生周期性甚至更复杂的解形式。这些数学解则对应着反应体系中某些时空有序的非线性行为。研究非平衡态非线性现象的动力学行为对深刻认识化学反应本质,调控反应过程具有重要意义。

作为一种特别的非平衡态非线性现象,化学振荡往往表现为一种在开放的、远离平衡态的非线性反应系统中所自发组织而成的时空有序结构。即,反应体系中的某些状态量,例如浓度、电流、电势等,在反应过程中表现出来的周期性、有序性的变化行为。自然界中这种自组织现象大量存在。普里高津耗散结构理论认为,一个多组分开放系统,当系统远离平衡而发展到一定程度时,系统将会出现某些行为的临界点。当系统越过临界点后,经"涨落"的触发,系统将发生突变,离开原来的热力学分支,进入一个全新的稳定有序状态;若将系统推向离平衡态更远的地方,系统可能演化出更多新的稳定有序结构。这些时空有序结构的维持需要不断的耗散能量,因此被称为耗散结构。耗散结构理论指出,系统从无序均匀的状态过渡到这种耗散结构有 3 个必要条件,一是系统必须是开放的,即系统必须与外界进行物质、能量的交换;二是系统必须是远离平衡状态的,系统中物质、能量流和热力学力的关系是非线性的;三是系统内部是不均匀的,不同物质、能量流之间存在着非线性相互耦合,并且需要不断输入能量来维持。

典型研究实例包括:Belousov-Zhabotinsky 振荡、贝纳德(Bénard)流体的对流花纹、化学波、斑图等。以贝纳特流为例,在一扁平容器内充有一薄层液体,液层的宽度远大于其厚度,从液层底部均匀加热,液层顶部温度亦均匀,底部与顶部存在温度差。当温度差较小时,热量以传导方式通过液层,液层中不会产生任何有序结构。但当温度差达到某一特定值时,液层中自动出现许多六角形小格子,液体从每个格子的中心涌起、从边缘下沉,形成规则的对流。从上往下可以看到贝纳特流形成的蜂窝状贝纳特花纹图案。这种稳定的有序结构就是一类典型的耗散结构。如图 2.1 所示类似的有序结构还出现在流体力学、化学反应以及激光等非线性现象中。

图2.1 理论研究的自组织现象

以工业电解锰为代表的实际电化工体系也是一个开放的、流动的过程,具有离子浓度高、电流密度大、电极过电位高等特点,是远远偏离平衡态的不可逆过程。而过渡金属的多重变价行为及催化行为又为电极反应带来了丰富的非线性动力学机制,极易诱发电化学振荡等非线性非平衡行为。近年来,随着非平衡态热力学以及非线性系统动力学等理论的发展,人们越来越多地认识到,对电化学振荡等非线性行为特征及形成机制的研究,有助于更深刻地理解实际电化学系统内部各基元步骤的动力学本质,以及其相互之间的作用关系,从而指导高效电解技术研发。

2.1.1 电解锰阳极电化学振荡现象

事实上,陶长元教授课题组研究首次发现,在适当的反应条件下,电解锰阳极过程中出现周期性的电流振荡或电势振荡现象,如图2.2所示。此时,不仅在宏观上可以观察到电流、电势随时间周期性波动,在微观上还可以同时观察到纳米氧化锰有序空间结构的形成。研究表明,这两种形式上截然不同的时空有序现象都通过自催化等导致的非线性动力学机制而紧密关联。

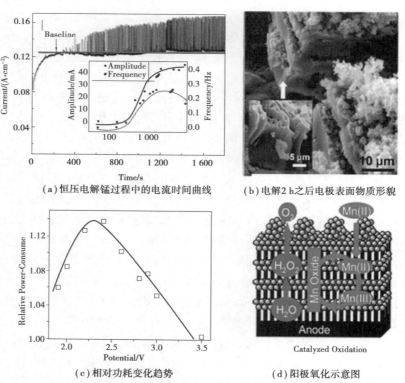

(a)恒压电解锰过程中的电流时间曲线   (b)电解2 h之后电极表面物质形貌

(c)相对功耗变化趋势   (d)阳极氧化示意图

图2.2 电解锰阳极电化学振荡现象

根据传统的电化学理论,当外电压恒定时,反应电流会逐步趋向某一稳定值。然而,实验发现,即使电极电势恒定并且保持电极界面状态严格不变,在长时间电解过程中,电解电流会逐步出现周期性的波动行为。其振幅随时间逐渐增大,并达到某一稳定值。与此同时,电解锰阳极上会形成具有纳米孔道的多层结构氧化锰。在电解初期,电极界面的锰氧化物为颗粒状,并且随机堆积[图2.3(b)],此时没有电化学振荡出现;随电解时间延长,电极界面颗粒状锰氧化物逐步形成团簇[图2.3(c)],阳极上开始出现电化学振荡现象,并且振荡的振幅也逐渐变大;电解时间进一步延长,在松散的团簇层下面逐渐发育出致密的氧化物膜层[图2.3(d)],并且逐步形成更复杂的层状多孔结构。该结构由多个氧化物片层构成,单一片层内由内到外依次可分为致密层和松散层两部分,远离电极的松散层中则是纳米颗粒堆积而成的氧化物团簇阵列[图2.3(e)],而靠近电极方向的致密层均匀而致密,剖面结构显示其中还存在垂直并排的纳米孔道[图2.3(f)]。伴随着电极表面多层结构氧化物薄膜的形成,阳极上的周期性电化学振荡逐渐稳定,并且持续,直到反应体系浓度发生变化或氧化物结构被气泡等意外破坏。

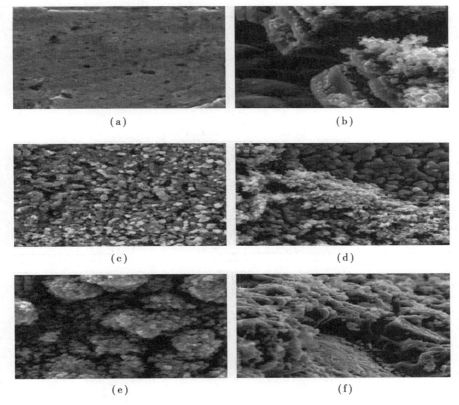

(a)　　　　　　　　　　　　(b)

(c)　　　　　　　　　　　　(d)

(e)　　　　　　　　　　　　(f)

图 2.3　阳极上氧化物的 SEM 图

　　研究还表明,电流振荡现象并不局限于某一特殊的电极材料。以不同的导电材料为阳极,甚至非常惰性的铂电极上都能观察到周期性的振荡现象。与之相反,随电解电压、锰离子浓度、pH 值以及温度等外控因素的改变,电流振荡的振幅以及周期都会随之发生变化。这些实验现象表明,电流振荡现象并不是某些电极材料的特殊性质或是由测试设备等环境因素所导致的,而是来源于在电氧化生成的二氧化锰所堆筑的反应体系中自身存在的某些动力学反应机制。事实上,这些层状的锰氧化物会催化水的分解,改变电氧化反应的速度,进而在体系动力学方程中引入非线性的动力学项。在反应过程中,系统保持开放流动,从而维持体系浓度的稳定,电极则持续不断地为体系输入能量,驱使系统远离平衡状态。反应体系满足形成耗散结构的基本特征。

值得一提的是,除了外电压恒定条件下的电流振荡,反应体系在电流恒定的条件下,也可能出现周期性的电势振荡。其同样存在于不同导电材料的阳极上,并且伴随氧化物的结构演化而演化。振荡特征同样随浓度、温度、电流密度等溶液反应条件变化而变化。但是,与外电压恒定条件下的电流振荡不同的是,我们目前发现的电流振荡在客观上导致了电解能耗增加,而恒电流条件下的电势振荡则会导致电解能耗的减少。研究这种电化学振荡现象对指导高效节能电解技术的研发具有重要意义。

2.1.2 电解锰阳极电化学振荡成因

在该体系中包含着复杂的基元反应步骤。一方面,在电场作用下,水分子的氧化是分步进行的。其先后被氧化为过氧化氢以及超氧化氢,并最终释放出氧气。值得注意的是,氧化过程中 Mn(Ⅱ)会转变生成 Mn(Ⅲ)以及 MnO_2^+ 等中间产物。Mn(Ⅲ)会参与水的过氧化过程,并加速过氧化氢的分解析氧过程。而 MnO_2^+ 等中间体也会起到延缓反应的作用。两者共同作用,为反应引入非线性的负反馈机制。

$$2H_2O - 2e \xrightarrow{k_1} H_2O_2 + 2H^+ \tag{2.1}$$

$$H_2O_2 - 2e \xrightarrow{k_2} O_2 + 2H^+ \tag{2.2}$$

$$H_2O - Mn^{2+} - e \xrightarrow{k_3} MnOH^{2+} + H^+ \tag{2.3}$$

$$2MnOH^{2+} \underset{}{\overset{k_4}{\rightleftharpoons}} MnO^{2+} + Mn^{2+} + H_2O(Fast) \tag{2.4}$$

$$MnOH^{2+} - e \xrightarrow{k_5} MnO^{2+} + H^+ \tag{2.5}$$

$$H_2O_2 + MnOH^{2+} \xrightarrow{k_6} MnO_2^+ + H^+ + H_2O \tag{2.6}$$

$$MnO_2^+ + H^+ \underset{}{\overset{k_7}{\rightleftharpoons}} HO_2 + Mn^{2+}(Fast) \tag{2.7}$$

$$MnO^{2+} + HO_2 \xrightarrow{k_8} O_2 + MnOH^{2+} \tag{2.8}$$

$$MnO^{2+} + H_2O_2 \xrightarrow{k_9} Mn^{2+} + O_2 + H_2O \tag{2.9}$$

$$MnO^{2+} + HO_2 \underset{X_{k-10}}{\overset{k_{10}}{\rightleftharpoons}} MnO_2 + 2H^+ \tag{2.10}$$

事实上,如果令 $X = [MnOH^{2+}]$,$Y = [MnO_2^+]$,$A = [Mn^{2+}]$;$B = [H_2O_2]$,$C = [H^+]$,可以推导出如下的动力学方程式:

$$dX/dt = k_3A - k_5X - k_6XB + k_8K_4K_7CX^2Y/A^2 + D_X\nabla^2X \tag{2.11}$$

$$dY/dt = k_6XB - k_8K_4K_7CX^2Y/A^2 + D_y\nabla^2Y \tag{2.12}$$

这是一个典型的非线性方程组。当系统离平衡不远时,其中的非线性项作用并不明显,表现为普通的线性方程特征。但是当反应电流加大后,可以预见非线性项的影响会增强。此时,对上述方程做线性不稳定分析。

令:

$$f(X,Y) = k_3A - k_5X - k_6XB + k_8k_4k_7CX^2Y/A^2 \qquad (2.13)$$

$$g(X,Y) = k_6XB - k_8k_4k_7CX^2Y/A^2 \qquad (2.14)$$

围绕方程的稳态解 (X_0, Y_0) 做围绕，并忽略高次项，可以得到线性化围绕方程的雅克比矩阵。

$$\begin{bmatrix} a_{11} = \partial f/\partial X \mid_{X_0,Y_0}; a_{12} = \partial f/\partial Y \mid_{X_0,Y_0}; \\ a_{21} = \partial g/\partial X \mid_{X_0,Y_0}; a_{22} = \partial g/\partial Y \mid_{X_0,Y_0}; \end{bmatrix} \qquad (2.15)$$

对于基态简并模量，可以分别写出雅克比矩阵的质 Tr_0 及其对应行列式的值 Δ_0。由数学分析可知，当 $Tr_0 > 0$ 并且 $Tr_0^2 - 4\Delta_0 < 0$ 时，方程解会失去时间稳定性。这意味着中间体的浓度会随时间而周期性波动。随着相关中间体浓度的波动，电催化反应的速度也随之波动，从而导致电流的周期性振荡。我们很难给出电流波动的数学解析解，但是基于计算机软件拟合，我们可以给出数值解，并绘成图形解。

正如我们所看到的，这里的电流振荡是由于内在动力学机制所导致的，并不是外控因素不稳定所导致的。一个重要的证据就是，我们将阳极表面的氧化物由片状 δ-MnO$_2$ 结构变为针状 γ – MnO$_2$ 时，电化学振荡现象也逐渐消失。说明 MnO$_2$ 结构以及其中的可溶性锰化合物中间体是影响电解锰振荡的关键因素。

另一方面，空间自组织现象的动力学成因也是催化反应过程与扩散过程的耦合。可以这样理解，假设反应系统中，形成两类不同的反应中间体：一类是阻滞子，其在该体系中会阻滞反应进行；另一类是活化子，其在该体系中在该体系中的作用会加快正反应速率。当阻滞子(d)的扩散速度远远大于活化子(c)的扩散速度时，系统就有可能因为涨落导致自组织行为的产生。具体来说，系统在初始时刻处于均匀定态，此时阻滞子 d 与活化子 c 的浓度分别为 $d0$，$c0$。当系统出现一个外在的微扰，使得局部区域反应速度略大于其他部分。如图 2.4(a) 所示，因为阻滞子 d 的扩散速度远远大于活化子 c 的扩散速度，因此阻滞子 d 将更快地经过扩散离开点 A_1，在点 A_1 处活化子与抑制子的比例升高，从而破坏反应平衡，此时反应速度变快，反应产物的浓度升高，产生更多的抑制子和活化子，导致微扰被放大。同时，微扰点 A_1 附近区域相邻的微扰点 A_2、A_3 处，由于阻滞子 d 相对浓度增加，导致反应平衡也被破坏，活化子与抑制子的比例下降，阻滞子增加，反应速率比均匀定态时速率慢，出现了负微扰，如图 2.4(b) 所示。

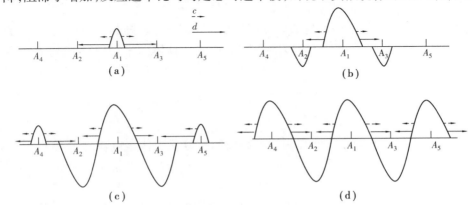

图 2.4　自组织结构形成的动力学一维模型

负微扰 A_2、A_3 点的出现，使得这些点与它们邻近区域之间产生了浓度梯度，这使得反应物向负微扰点扩散,这时阻滞子 d 与活化子 c 的扩散速度差异再次起作用,更多的阻滞子流向 A_2、A_3 点,反应速度进一步下降,负微扰被放大,同时,由于 A_2、A_3 点的负微扰产生连锁反应,又打破了附近阻滞子 d 与活化子 c 的平衡,反应产物浓度的升高,出现新的正微扰点 A_4、A_5,如图 2.4(c)所示。这种正负微扰在空间上交替出现并加强,达到均匀定态,最后导致了空间有序的自组织结构、空间周期性振荡花纹等的形成,如图 2.4(d)所示。在上述电解锰体系非线性动力学方程中考虑扩散项的影响,当 $Tr_0 < 0$ 并且 $\Delta_0 > 0$ 时,如果对某些模量而言雅克比行列式的值大于 0 的话,方程解就可能失去空间稳定性,体系就会出现周期性的空间结构。

2.1.3 阳极电化学振荡与电解锰节能减排的关系

在经典平衡态物理化学理论的范畴内,对可逆电解过程(电流密度 $j \to 0$,耗散强度 $D \to 0$),能量耗散遵从化学能与电能相互转化的基本公式:

$$\Delta G = -nEF \tag{2.16}$$

式中　E——体系平衡电极电势;

　　　G——相应的 Gibbs 自由能函数;

　　　n——反应时转移的电子数;

　　　F——法拉第常数。

但随着电流密度增大($j > 0$),电解过程由可逆过程逐渐变为不可逆过程,所伴随的耗散不可以再忽略($D \neq 0$),式(2.16)也不再成立而出现"超额的功耗"。J. Keizer 是最早研究不可逆电化学过程中可利用功与热力学函数变化相互关系的学者之一。他认为,如果采用非平衡 Gibbs 自由能函数 G,对于电流密度较小的电化学过程,电能与化学能的相互转化形式上仍满足同样的关系式 $nEF = -\Delta G$(这里 E 为非平衡的电极电势)。

在工业电解锰过程中,随着电化学振荡的出现,会引起电解能耗的新变化。当没有振荡出现时,电流(I)不会随时间波动。阳极的能耗可以简单通过电流与电压的乘积来计算。

$$P = V \times I \tag{2.17}$$

式中　P——电解能耗;

　　　V——槽压;

　　　I——总电流。

当出现电化学振荡时,电解能耗的计算较为复杂。对于恒电压条件下的电解,电流振荡会超出导致平均电流超出稳态电流,从而增加能量消耗。具体的平均电解能耗 P_{aver} 可如下式计算。

$$P_{aver} = U \cdot I_{baseline} + \frac{U \cdot \left[\int_{t_1}^{t_2} (I - I_{baseline}) \cdot dt \right]}{t_2 - t_1} \tag{2.18}$$

前面一项与传统的电解能耗计算相同。后面的积分项则代表电流振荡导致的"超额"能耗。其会随振荡的振幅先增加后减小。如图 2.5 所示,在模拟电解锰工业条件下,当电解电压合适时,相对能耗的降低可达 14%。

而对于恒电流条件的电解而言,其电极电势会周期性地向低于基线电势的方向波动,从而导致平均功耗的降低,具体的计算见式(2.19)。

$$P_{\text{aver}} = I \cdot U_{\text{baseline}} + \frac{I \cdot \left[\int_{t_1}^{t_2} (U - U_{\text{baseline}}) \cdot \mathrm{d}t \right]}{t_2 - t_1}$$

$$\text{(2.19)}$$

其后面的积分项则代表电势振荡的贡献,其为负值,并且绝对值会随振荡振幅增加而增加,从而实现电解能耗的降低。事实上,当电解电流达到 $0.3\ \mathrm{A} \cdot \mathrm{cm}^{-2}$ 时,相对能耗的降低可达 11% 。

随电流密度或电压等电解条件的改变,电解能耗也会随之变化。这表明,即使在大电流条件下,电解能耗在客观上也是可以通过过程强化方法进行控制的。

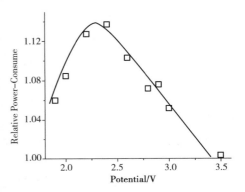

图 2.5　电极电势与振荡能耗的关系

合理控制电解锰阳极的电解能耗,是提升电解锰电流效率的重要方法。研究已经证实,在恒流电解条件下,由于电势振荡等非线性现象的存在,在远平衡区蕴含着一个能耗可调区域。如果能进一步调控电势振荡,则可能在有序振荡区找到新的电解能耗“鞍点”。这一发现为通过电解工作模式的优化寻找新的节能工作区提供了可能性。

2.2　电解锰阴极分形生长

自然界和人类社会中,越来越多的事物体现出了分形的特征,分形理论也在这些学科中得到了更加广泛的应用。分形学属于非线性学科,这一分支近年来引起了人们的广泛关注。分形的研究,力图用数学的方法,模拟自然界存在的及科学研究中出现的那些看似无规律的各种现象,从而去探寻在复杂现象背后的简单规律,并进一步根据需要衍生出千变万化的复杂现象。

根据分形理论的研究对象来看,其发展可以分为 4 个阶段:

第一阶段为 1875—1967 年。这一阶段是分形理论的萌芽阶段,一些特殊的数学集合已经被人们所注意,并且通过结合经典的集合对这些差别进行了一定的分类。在这近半个世纪里,虽然没有提出具体的概念,但是由于对这些集合特别是对维数研究的深入,在对其性质的总结后发现了其中的一些规律。

第二阶段为 1967—1982 年,分形几何得到了各个学科的重视,在不同的学科中都发现了分形的影子并且进行了深入研究。曼德布洛特在 1975 年,创造了 Fractal 一词,来描述他所研究的那些不规则、破碎不堪、不光滑、不可微的东西,并著成了《分形:形状、机遇和维数》(*Fractal, Form, Chance, and Dimension*)一书;1982 年,他的又一著作《大自然的分形几何》(*The Frantal Geometry of Nature*)被分形界的学者视为“圣经”。在此著作中,曼德布洛特定义了分形,创造了分形几何学。此著作的发表,标志着一个新的学科——分形几何,正式诞生,从此分形理论开始了迅速发展,在各个学科中的影响力逐渐显现。

1982—1987 年,我们将其称作分形发展的第三阶段,是分形发展的黄金时期,在这个阶段,分形理论作为一个新的学科,体现了其巨大的潜力及影响力。两位美国科学家,Witten 和 Sander 在共同提出了扩散限制凝聚(Diffusion-Limited-Aggregation)模型,简称为 DLA 模型;大量的科学工作者利用分形理论在其所在的学科中不断发掘,为解决在数学、化学、地质、生物、材料甚至经济等学科中遇到的问题提供了新的思路和方法,丰富了该学科的理论深度和广度。

从1988年至今,分形学科进入了第四个发展阶段。经过了上一阶段的迅猛发展,分形在此阶段却遇到了一些阻碍,特别是关于基础理论的研究,大批的工作者仅在前期研究基础上运用现有的理论去解释,去概括,导致分形在基础理论上欠缺的问题逐渐显现。但是,这些偏重于应用的科学家为分形应用的广度的拓展做出了大量积极的贡献。他们将"分形"用来描述自身研究领域中各种不规则物体,不规则现象的自相似性,寻找并计算出其"分形维数"(简称"分维")。分形在各学科中的应用范围得到了扩大。利用计算机的可操控性与便捷性,在现有研究的基础上,大量模拟分形的过程及其结果。分形与计算机的结合加深了人们对分形的理解,使得对分形的研究进入了一个新的高度。

2.2.1 电解锰阴极分形生长现象

枝晶(Dendritic Crystals)生长是一种在自然界广泛存在的空间有序的自组织行为。在合适的电化学条件下,镍、铜等金属均可以在二维受限空间内形成具有标度不变性的自相似分形结构电沉积。电解锰的工业生产过程中,在阴极板上,尤其是在阴极板的边缘,就存在着大量的"突出生长"的枝晶(图2.6)。如果把这种二维平面上的分形生长限制在微点电极附件,就可以观察到在电解锰过程中有明显的树枝状枝晶生成,经过分析发现主要是电解锰的分形生长机制导致。研究发现,锰电解过程中形成的枝晶,主要是从电极表面向溶液中生长。这种"突出生长"的枝晶会减少金属锰的产量,导致电流效率降低。更严重的情况,会引起电极间短路,导致生产不稳定等。

(a)阴极板　　　　　(b)微点电极1　　　　　(c)微点电极2

图2.6　电解金属枝晶的形貌

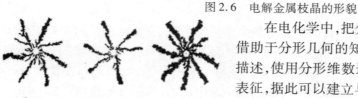

在电化学中,把分形作为研究金属电沉积的方法,借助于分形几何的知识可以对枝晶的形貌与特征进行描述,使用分形维数还可以对枝晶进行定量地描述和表征,据此可以建立与枝晶生长密切相关的数学模型。分形与金属电沉积理论的结合为探索金属枝晶的形成提供新的途径和方法。在经典DLA模型的基础上,我们可以借助计算机模拟对分形沉积动力学进行更为细致的研究(图2.7)。

图2.7　理论模拟的形貌结果

事实上,在电解锰的阴极还原过程中,除了电极表面的分形自组织现象,还可以检测到体系存在的电化学振荡行为(图2.8)。研究发现,随着电解锰的两极电压加大,电解锰"突出生长"的枝晶逐渐明显,同时检测到电流振荡也逐渐显著。

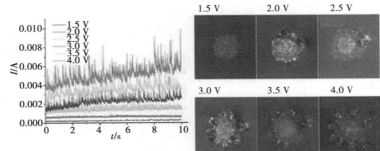

图 2.8 不同电压下 I-t 曲线及沉积物形貌

工业电解制备其他金属时,往往也会由于枝晶的生长严重而影响正常生产。一些研究者发现,通过改变电解参数,如电压、浓度等,电解产物的形貌也会随之变化。电解产物的形貌分别有密集型、枝晶型、开放型、混合型等。在电解制备金属锰的过程中需要抑制枝晶的生长以得到质量较好的产物。然而,部分枝晶生长突出的电解产物,根据其生长形貌也有特殊的用途,如蓬松的网状枝晶可用于光伏器件上,树枝状的发散枝晶可用于超级电容器,多孔结构的枝晶可用于催化材料等。通过对金属枝晶生长现象的分析,研究其枝晶生长的分形动力学机制,最终实现调控电解产物生长形貌。这样不仅能获得需求功能用途的电解产品,而且也有利于工业生产的顺利进行。

2.2.2 电解锰阴极分形生长机制

目前,对于分形电沉积的原理解释主要有:Diffusion-limited Aggregation(DLA)扩散限制凝聚,此模型是是由 Witten 和 Sander 于 1981 年共同提出来的,其基本思想是:首先取一初始粒子作为种子,在远离种子的任意位置随机产生一个粒子使其做无规行走,直至与种子接触,成为集团的一部分;然后再随机产生一个粒子,重复上述过程,这样就可以得到足够大的 DLA 团簇(Cluster)。DLA 模型用极其简单的算法抓住了广泛的自然现象的关键成分却没有明确的物理机制;通过简单的运动学和动力学过程就可以产生具有标度不变性的自相似的分形结构,从而建立分形理论和实验观察之间的桥梁,在一定程度上揭示出实际体系中分形生长的机理;界面具有复杂的形状和不稳定性的性质,生长过程是一个远离平衡的动力学过程,但集团的结构却有稳定且确定的分形维数。

由 DLA 模型发展出来的 Kinetic Cluster Aggregation(KCA)理论模型提出让所有微粒都进入点阵进行无规随机运动。当两个微粒相遇后就结成簇团,簇团也作随机运动,因而可以和其他粒子或簇团结合,生成更大的簇团。这样不断进行下去,也可以形成分形结构。这种模型即为簇团 - 簇团凝聚(Cluster-Cluster Aggregation)模型,也称作动力学簇团(Kinetic Cluster Aggregation)模型,简称 KCA 模型。上述模型一定程度上阐释了分形生长的内在物理化学机制,认为分形生长是一个远离平衡的动力学过程,粒子的随机游走是形成分形结构沉积物的关键。

要形成该凝聚产物,即分形结构至少需要两个参数:

①在凝聚体上发生的化学反应速度,必须高于粒子的传递速度,这样就保证粒子在凝聚体上的反应都能及时进行,达到高效沉积。粒子进入沉积场是随机的,达到凝聚体并发生沉积的

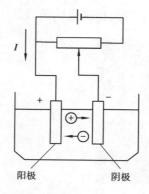

图 2.9　电化学原理示意图

点是随机的,并且由于其结构限制,其能量也有高低,但是即使这样,各个点沉积概率也是一致的。

②由于形成了树突状枝晶这一典型的分形结构,且枝晶尖端带电,所以枝晶对内层结构有电屏蔽,使得粒子想通过电迁移进入内部变得十分困难,一定程度上限制了离子向内部运动。所以,内层枝晶的发育很大一部分归功于溶液的扩散作用。所以,该模型又称之为扩散限制凝聚模型。

电沉积是简单金属离子或络合金属离子通过电化学途径在材料表面形成金属或合金镀层的过程。在此过程中,外加电解液中的金属粒子在阴极得到电子,被还原形成金属单质。在此电沉积过程中,金属沉积层的形成主要有两个过程:晶核的生成与晶核的成长。图 2.9 所示为电解池中金属离子发生电化学反应的原理图。当电流通过电解质溶液时,阳极上金属原子失去电子,形成正离子,正离子进入到电解液中,发生氧化反应,这个过程叫氧化过程;反之,在阴极周围,电解液中的金属离子结合电子还原成金属单质发生还原反应,这个过程叫还原过程。通过此过程,金属便沉积到阴极表面。

针对锰,在负电极化条件下,阴阳极上将主要发生两个电化学反应:

$$\text{Mn}^{2+} + 2e === \text{Mn} \quad \varphi^{\ominus}(\text{Mn}^{2+}/\text{Mn}) = -1.18 \text{ V} \tag{2.20}$$

$$\text{Mn}^{2+} + 2\text{H}_2\text{O} - 2e === \text{MnO}_2\downarrow + 4\text{H}^+ \quad \varphi^{\ominus} = -1.228 \text{ V} \tag{2.21}$$

在电沉积过程中,阴极发生的电极反应通常包括阳极反应过程,阴极反应过程和反应物质在溶液中的传递过程(液相传递过程)3 部分。上述 3 个过程每一个过程传递净电量的速度都是相等的,因为 3 个过程是串联进行的。但是这 3 个过程又往往是在不同区域进行,并且有不同的物质变化或者说化学反应特征,因而彼此又具有一定的独立性。

目前,锰冶金行业通常采用不锈钢板作阴极,四元合金做阳极,在中性的 $\text{MnSO}_4\text{-}(\text{NH}_4)_2\text{SO}_4\text{-}\text{H}_2\text{O}$ 系阴极液进行电解制备锰。在锰电解过程中,在负电极化条件下,不锈钢阴极板上发生两个互相竞争的电化学反应:

$$\text{Mn}^{2+} + 2e === \text{Mn} \quad \varphi^{\ominus}(\text{Mn}^{2+}/\text{Mn}) = -1.18 \text{ V} \tag{2.22}$$

$$2\text{H}_2\text{O} + 2e === \text{H}_2\uparrow + 2\text{OH}^- \quad \varphi^{\ominus}(\text{H}^+/\text{H}_2) = 0 \text{ V} \tag{2.23}$$

按照电化学热力学理论,只要在电极上发生足够的阴极极化,任何金属都可以在阴极上还原及电沉积。但是由于电解液一般成分比较复杂,其中都存在某一组分或溶剂的还原电位比目标金属离子的还原电位更正或接近。这就使得金属离子与其发生竞争反应,导致其析出较难。而电解锰的一个最大的问题就是锰离子还原电位氢接近且比氢更正。因此,H_2 的析出要先于锰的沉积,且氢气的析出会破坏枝晶的产生。

电解锰涉及二价锰离子在电极表面复杂的电化学反应,且金属锰电沉积生长也是一个包含丰富非线性机制的复杂过程,包括金属离子的放电及电荷转移、晶核的生成、晶粒的生长等连续步骤。

在电解锰过程中,金属锰沉积物的分形结构与电解电压,锰离子浓度,添加剂密切相关。但是分形结构与上述因素之间的具体关系仍然没有得到很好的解决。目前对于金属沉积分形的研究主要是从 DLA 模型进行分析讨论,目前的 DLA 模型对金属电沉积的模拟还有一定的发展空间。

2.2.3　电解锰阴极分形生长与电解锰节能减排的关系

锰电沉积过程中其表面会形成一些自电极表面向溶液中"突出生长"的枝晶,这是降低电流效率、减小产量、引起电极间短路、电解过程物质和能量消耗增加、生产不稳定的主要因素之一。在电解锰过程中通常加入不同的添加剂用于改善电解产物的质量和提高电解效率。电解实验过程中主添加剂 SeO_2 对这些非线性行为有显著的影响。随着 SeO_2 浓度的增加,不仅电流振荡的振幅和频率随之增加,而且电解锰产品的分形生长发育也加剧(如图 2.10)。为此,可以通过加入的添加剂来有效控制电解锰过程中的非线性行为。

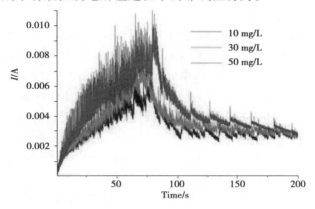

图 2.10　不同 SeO_2 浓度电流时间曲线($E = 3.5$ V)

其他不同的辅助添加剂,如硫氰酸铵(AT)、硫脲(BT)、聚丙烯酰胺(PAM),其浓度变化对锰电解过程中电流效率和电极界面产生影响。

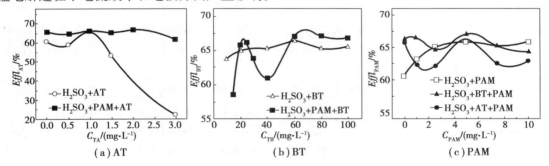

（a）AT　　　　　　（b）BT　　　　　　（c）PAM

图 2.11　辅助添加剂对电流效率的影响

选用小分子有机胺类的 BT 分子作辅助添加剂,BT 对电极界面的负作用很微弱,有利于长时间维持电解体系的稳定。BT 所含—NH_2 与 H^+ 结合,抑制了 H^+ 的还原析出,从而提高锰电解的电流效率。在电解过程中所含氨基可阻止部分突出的晶面继续生长使得晶粒不易长大,而且各向得以均匀生长,结果形成结晶致密、平滑的阴极锰片。

参考文献

[1] 丁莉峰.电解制金属锰和高锰酸钾过程中的非线性动力学研究［D］.重庆:重庆大学,2014.

［2］习苏芸.电解锰电极过程机理的研究［D］.重庆：重庆大学，2012.

［3］侯军.电解锰阳极过程动力学的研究［D］.重庆：重庆大学，2013.

［4］杨殿鹏.氧化锰催化电流振荡对电解锰阳极的影响［D］.重庆：重庆大学，2015.

［5］刘敏.卤素离子抑制电解金属锰阳极电化学振荡的研究［D］.重庆：重庆大学，2017.

［6］张兴然.低品位复杂锰矿浸出与电解过程的强化研究［D］.重庆：重庆大学，2017.

［7］柏慧.工业恒流电解过程中的氧化锰催化电化学振荡研究［A］.中国化学会∥中国化学会第30届学术年会摘要集-第三十二分会：多孔功能材料［C］.中国化学会，2016：1.

［8］柏慧，杨殿鹏，范兴，等.恒流条件下电解金属锰阳极振荡行为研究［C］.全国冶金物理化学学术会议论文集，2016.

［9］柏慧.电解金属锰阳极振荡机制及调控方法研究［D］.重庆：重庆大学，2017.

［10］FAN X, XI S Y, SUN D G, et al. Mn-Se interactions at the cathode interface during the electrolytic-manganese process［J］. Hydrometallurgy, 2012(127-128)：24-29.

［11］BAI H, YANG D P, ZHANG Y X, et al. Periodic Potential Oscillation during Oxygen Evolution Catalyzed by Manganese Oxide at Constant Current［J］. Journal of the Electrochemical Society, 2017, 164(4)：E78-E83.

［12］FAN X, HOU J, SUN D, et al. Mn-oxides catalyzed periodic current oscillation on the anode［J］. Electrochimica Acta, 2013(102)：466-471.

［13］N X, YNG D, DING L, et al. Periodic current oscillation catalyzed by delta-MnO_2 nanosheets［J］. Chemphyschem, 2015, 16(1)：176-180.

［14］VARNEY P, GREEN I. Nonlinear phenomena, bifurcations, and routes to chaos in an asymmetrically supported rotor-stator contact system［J］. Journal of Sound and Vibration, 2015(336)：207-226.

［15］TAKASHIMA T, HASHIMOTO K, NAKAMURA R. Mechanisms of pH-dependent activity for water oxidation to molecular oxygen by MnO_2 electrocatalysts［J］. J Am Chem Soc, 2012, 134(3)：1519-1527.

［16］李如生.非平衡态热力学和耗散结构［M］.北京：清华大学出版社，1986.

［17］欧阳颀.非线性科学与斑图动力学导论［M］.北京：北京大学出版社，2010.

［18］SUN D G, TONG X Q, FAN X, et al. Fractal Growth Behaviors of Mn on Cathode［J］. Journal of the Chinese Society of Rare Earths, 2012(30)：272-276.

［19］孙大贵，童贤清，范兴，等.电解锰阴极电解分形行为的研究［J］.中国稀土学报，2012(30)：272-276.

第 **3** 章
多场耦合强化电解节能

化学工业在我国国民经济中占有十分重要的地位,为我国经济发展和国防建设做出了巨大的贡献。在化学工业创造可观的经济价值的同时,也消耗了大量的能源和资源,对环境造成了巨大的污染,制约了我国经济和环境的可持续发展。化工过程强化技术被认为是能够有效节能减排的技术手段,其理论与应用研究在我国取得了一定的进展,为化学工业的发展提供了一定的动力。

化工过程强化技术是一种能够明显减小工厂与设备的体积,高效节能、清洁环保并且能实现可持续发展的新型化工技术,化工过程的最终目的就是将原材料进行转化,形成满足需要的产品,并完成生产过程的零排放。化工过程强化技术具有两个不同的实现途径,一个是设备的强化,一个是过程的集成。设备强化就是将设备进行小型化和微型化的处理,在减小设备体积的同时提高设备的生产能力。过程集成是要将化工的过程进行集成化的处理,是系统优化的技术之一。

3.1 流体混合强化与锰矿浸出

搅拌槽内流体是硫酸与碳酸锰矿进行反应的气-液-固混合体系。由于流场结构对称,容易形成"柱状回流",使矿-酸混合效率降低,锰矿浸取率不高。同时,由于搅拌槽高径比较大,传统的搅拌桨轴向混合差,矿粉难以充分离底悬浮,延长了浸取反应时间。通过研究脉冲射流搅拌中多层桨叶结构、搅拌槽挡板结构、脉冲射流流速、脉冲频率、射流喷嘴形式等对浸取率的影响,设计出脉冲空气射流多层桨搅拌反应器,并通过计算流体动力学软件进行流场结构特征模拟,建立过程优化的操作模型。

3.1.1 新型高效搅拌浸出槽体设计

电解锰是一种广泛应用于钢铁冶金、化工等领域的原料,特别是在有色合金冶炼中,它可使合金呈现出不同的特性,也可以用于冶炼特殊钢,以提高钢的强度、硬度、弹性极限、耐磨和耐腐蚀性等,素有"无锰不成钢"之说。

多级搅拌混合反应器能够强化锰矿的浸取过程,它的结构原理如下:

搅拌槽内流体包含低频大幅振动的大尺度拟序结构,导致流体宏观不稳定性现象的产生,难以实现高效节能混合。利用柔性桨搅拌的"波-流"作用产生小尺度波流扰动,如图 3.1 所示,可降低湍流强度和尺度,抑制低频速度脉动,同时增加湍动能在小尺度脉动上的分配,使湍流更趋于各向同性,能有效抑制搅拌槽的大涡和拟序结构,提高混合效率,实现超混沌混合并进行合理的控制。

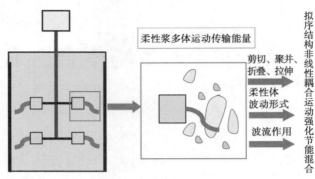

图 3.1　仿生柔性桨叶混合示意图

柔性桨强化流体的超混沌控制方法如下:

搅拌槽内存在湍流区和低雷诺数区,它们都包含一定的拟序结构。这些能量有差异的拟序结构的非线性相互作用,必然诱发新的混沌行为。同时,流场中大涡的破裂、合并、小涡流的碰撞等,并与柔性桨的多体运动相结合,使流场结构变化加快,并蕴含复杂的能量耗散和流场波动,也将产生混沌现象。这些复杂多尺度时空混沌行为,需要借助超混沌控制方法和"波-流二象性"的原理,阐释柔性桨强化流体混沌混合的行为。

3.1.2　刚柔组合搅拌桨强化锰矿高效浸出

在电解锰企业中,大多采用碳酸锰矿(菱锰矿)为原料,将它们制备成矿浆后在浸取槽中反应得到浸出率,然后再进行电解。为保证浸取充分,在浸取槽中均设置有搅拌矿浆的搅拌桨。具体结构为,在浸取槽内设置一根与该浸取槽同轴的由电机带动其转动的搅拌轴,在搅拌轴上设置若干均浸没在矿浆中的搅拌桨。在锰矿浸取时,启动电机带动搅拌轴旋转,进而带动搅拌桨旋转而实现在搅拌状态下浸取锰。与没有用搅拌桨搅拌的浸取相比,其浸取率当然有所提高,但是由于传统的搅拌桨均为刚性材料,近 70 % 的能量集中耗散在桨叶的尖端,从而在搅拌桨的尖端区域形成流体湍流区。湍流区集中的能量需要靠搅拌器周围的流体运动来进行传递,而刚性桨搅拌体系中的能量传递效率较低,在浸取槽中的有一部分矿浆仍然处于没有被搅拌到的区域(习称"死区")。在这些"死区"中,锰的浸取率较低,进而影响整个浸取槽中锰的浸取率。

为提高浸取槽中锰的浸取率,通常采用的方式是,或增加搅拌桨的层数,或延长搅拌桨的桨叶长度,或极大地提高电机的转速,或者兼而有之。这些方法虽然可以提高锰的浸取率,但提升率有限,且会增大能量的消耗。为克服传统搅拌桨的上述缺陷,刘作华等提出了一种新型的搅拌桨,即刚柔组合搅拌桨,如图 3.2 和图 3.3 所示。

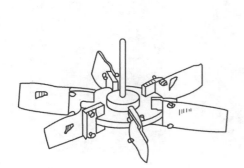

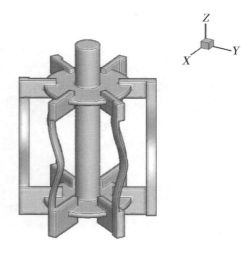

图 3.2　单层刚柔组合搅拌桨结构示意图　　　　图 3.3　双层刚柔组合搅拌桨结构示意图

　　刚柔组合搅拌桨的思想源于仿生学。自然界中各种鱼类、鲸类的游动和鸟类、昆虫的飞行并不主要靠剪切作用,而是通过柔性身体的运动部件(如尾鳍、胸鳍或翅膀等)与周围流体(水或空气)相互作用来实现的,如图 3.4 所示。柔性生物体可从卡门涡街中汲取能量,减少自身能耗,具有机动性好和噪声低的优点。但柔性体在流场中形变大、难以做大范围运动(图 3.5)。为此,将刚性体与柔性体有机相结合,设计出刚-柔组合搅拌桨。刚柔组合搅拌桨在流体混合过程中的运动是包含刚性体剪切、柔性体形变和流场拟序结构的形成、运移及演化,并伴随能量和质量传递的复杂行为,通过控制刚柔组合搅拌桨在流体中的运动,促进湍流区能量向低雷诺数区传递,可增大混沌混合区、减小混合隔离区,实现混沌混合强化。

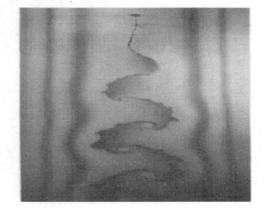

图 3.4　鸟及翅膀　　　　　　　　　图 3.5　柔性丝形成尾涡结构

　　刘作华等将刚柔组合搅拌桨在重庆某锰业公司进行了中试试验,并与刚性桨进行了对比研究,双层三叶刚性桨体系与双层三叶刚柔组合桨体系,如图 3.6 所示。

（a）双层三叶刚性桨　　　　（b）刚性桨搅拌装置　　　　（c）刚性桨搅拌体系

（d）双层三叶刚柔组合桨　　（e）刚柔组合桨搅拌装置　　（f）刚柔组合桨搅拌体系

图 3.6　中试现场实验图

　　在常温下，锰矿品位为 14.9%，矿酸比为 1:0.5，液固比为 8:1 的条件下，对比研究了桨叶类型与转速对锰矿浸出的影响规律。试验结果如图 3.7 所示。

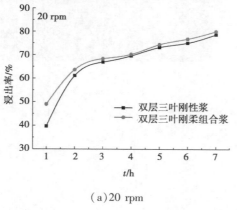 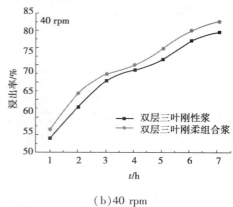

（a）20 rpm　　　　　　　　　　　　　　（b）40 rpm

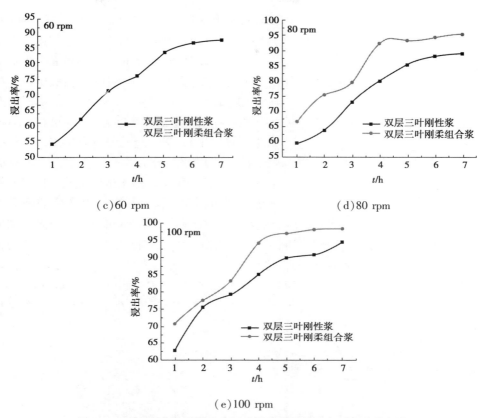

（c）60 rpm　　　　　　　　　　　　　（d）80 rpm

（e）100 rpm

图 3.7　不同桨叶类型体系中锰矿浸出率随转速与时间变化规律

从图 3.7 中可以看出,随着搅拌（a）20rpm;（b）40rpm;（c）60rpm;（d）80rpm;（e）100rpm 转速的增加,锰矿浸出率增大。这是因为随着搅拌转速的增加,搅拌体系的湍动程度增大,矿粉与浸取液混合程度增大,固液两相的悬浮效果得到提高,有利于锰矿的浸出过程,锰矿浸出率得到提高;双层三叶刚柔组合搅拌桨体系的锰矿浸出率总是高于双层三叶刚性桨体系的,当搅拌转速为 100 rpm,浸取时间为 4 h 时,刚柔组合搅拌桨体系的浸出率为 94.28%,刚性桨体系的浸出率为 85.3%;且当浸取时间为 7 h,刚柔组合搅拌桨体系的浸出率为 98.42%,刚性桨体系浸出率为 94.55%,与刚柔组合搅拌桨体系浸取时间 4 h 时的浸出率 94.28% 相当,缩短浸取时间近 3 h。

3.2　新型阳极电极开发

3.2.1　多孔阳极电解

在金属锰的湿法提取过程中,电沉积过程是极其重要的工序,电解锰生产过程中的阳极液是强腐蚀性硫酸溶液,而 Pb 基不溶性阳极因表面能生成 PbO_2 钝化膜而广泛用作不溶性阳极材料,其中以 Pb-Sn-Sb-Ag 阳极应用最广。在金属锰的电沉积过程中,Pb 基不溶性阳极表面发生的主要是 O_2 和 MnO_2 的析出反应。

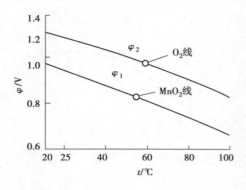

图 3.8 O_2 和 MnO_2 的析氢电位

对于电解锰阳极过程,要求尽量减少 MnO(阳极泥)的析出,以减少 Mn^{2+} 的消耗和避免造成电解液的浑浊,故采用较高的阳极电流密度来减少阳极泥的产出。多孔 Pb 合金阳极可有效降低阳极电位和电积能耗、减少阳极泥的生产量、减少 Pb 合金阳极的投资。

随着日渐严重的能耗问题,孔径可控、结构均匀、无缺陷的多孔 Pb 基合金成为研究焦点。近年来不少阳极板生产厂家对开孔率进行改进,增大板面开孔率,使开孔率达 50%。由于电解锰专用阳极板的开孔率越大,电流密度就越大,阳极上产生的阳极泥就越少,定期清除阳极的次数和工作量就大幅减少,阳极板受敲击损坏率就越低,同时电解锰的生产效率越高。但开孔率过大,就会使孔间距变窄,阳极的机械强度大大降低,在清理阳极板上的阳极泥时就会因敲击和刮擦而断裂,直接影响阳极板的使用寿命。因此,在两者之间寻求平衡点和最佳值越显重要。彭越等人采用新型技术方案,使得阳极板孔率达到 49.5% ~ 50%,孔与孔之间的横径和纵径尺寸较接近,结构强度较好,既提高了开孔率,又保证了阳极板的机械强度和使用寿命。

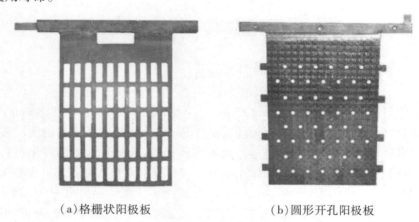

(a)格栅状阳极板   (b)圆形开孔阳极板

图 3.9   多孔电解锰阳极板

3.2.2   稀土合金阳极电解

任何一种用于电解工业中的不溶阳极至少具备 3 个条件:高的电导性、好的电催化活性及良好的抗腐蚀能力。电积锰工业所用电解液中硫酸含量较高,腐蚀性强,在这种条件下只有有限的几种惰性金属能够稳定存在,再考虑成本,可选用的金属就更少了。由于金属铅具有较好的导电性能,且熔点低,易铸造或压延成形,在电积锌的技术条件下又有一定的抗腐蚀性,能基本满足电积工业的要求,且阳极破损时具有自修复功能,所以当湿法炼锌技术开始工业生产时就以金属铅作为不溶阳极。但由于纯铅太软、易弯曲变形,并且电极表面形成的氧化膜松散多孔,抗腐蚀性较差,因此逐渐被 Pb-Ag 合金阳极所取代。少量 Ag(1.0 % 左右)的加入可使阳极的析氧过电位比纯铅阳极低以 100 mV 上,并且可使阳极表面二氧化铅膜层致密化,耐腐蚀性能提高。目前在电积锰行业中所采用的阳极材料一般为 Pb-Ag-Sb-Sn 四元合金,但是长期的实践发现其存在下述不足。

①析氧过电位较高。

②铅基合金氧化膜还是比较疏松,电解时会脱落,从而降低阴极锰质量,且循环使用寿命受限制。

③铅阳极相对密度大、强度低、易蠕变造成短路,从而降低电能效率。

④阳极中加入贵金属 Ag,使阳极成本提高。

⑤有毒性,污染环境。

由于铅具有比重大,强度低,析氧过电位高,有毒等缺点,许多研究者偏向于摒弃铅,寻找一种适于锰电积条件的新型替代阳极。目前,针对非铅基体的研究主要有钛基阳极,铝基阳极,铁基阳极以及塑料基阳极等。

柳厚田等于 2000 年首次提出将稀土元素添加于铅及其合金中,使合金具有良好的机械和铸造性能,且又可有效抑制深放电下合金的阳极腐蚀,降低膜的阻抗,提高电池的性能。由于稀土元素的原子半径都比铅的大,它们很容易沉积在合金凝固时正在生成中的晶界和相界之中,阻碍着晶粒的长大,使晶粒细化。同时,铅和稀土元素的负电性相差 0.8 左右,根据金属学原理,两组元间的负电性相差越大,形成中间相的倾向越强。在负电性相差较大的情况下,由异类原子结合的合金相,有可能使其结合方式从金属键向离子键过渡,组成合金的 A、B 两组元除可形成固溶体外,当超过其溶解限度时将形成晶体点阵与各组元均不相同的中间相,即金属间化合物新相。这些高熔点稀土金属及其化合物呈悬浮质点充当了异质形核的晶核,起到了变质剂、形核剂的作用,使晶粒进一步细化。由于晶粒细化及晶间夹杂等作用,稀土加入使得铅合金具有更优良的机械性能。

张新华、杨炯等采用 EIS 光电流及射线衍射技术对 Pb-Ce 合金在硫酸溶液中形成阳极膜性质进行了研究,发现 Pb-Ce(1%)在硫酸溶液中形成的膜为 PbO 型 n-半导体,与纯铅电极相比,Ce 加入对 Pb(Ⅱ)膜半导体性质没有明显影响。其又提出了液膜机理,认为 Ce 的加入,增大了 Pb(Ⅱ)膜孔率,使离子电导增加,从而有效降低 Pb(Ⅱ)膜阻抗。采 LSV 用对不同成膜时间阳极膜进行研究,发现 Ce 加入提高 Pb(Ⅱ)生成的表观活化能,降低了生长速率。采用 SEM 对恒电位极化后 Pb-Ca-Sn-Ce 合金表面形貌进行了研究,发现的 Ce 加入可以细化腐蚀膜颗粒,提高合金的耐腐蚀性能。

限于篇幅,本书在此处仅举例 Pb-Nd 合金 CV 循环伏安曲线来说明稀土离子的加入对铅基合金电化学性能的影响。

图 3.10 所示为 Pb-Nd 合金 CV 循环伏安测试曲线,从图中可以看出相同电位下,纯 Pb 的析氧电流大于 PNd2.0 合金的析氧电流,且从图中可以明显看出有稀土的加入时,各氧化还原峰均有明显的左移,降低了氧气在电解过程中的析氧电位,有利于氧气在电解过程时低电压时的析出,降低电积锰的槽电压。

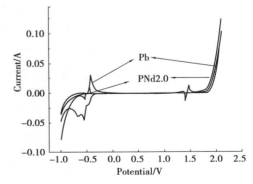

图 3.10　Pb-Nd 合金 CV 循环伏安测试曲线

就其余方面而言,稀土元素还能够与铅形成金属间化合物,细化晶粒,阻止晶粒滑移,从而提高铅合金强度;另外稀土元素的加入还能促进 PbO_2 生成,且使得 PbO_2 层疏松多孔,加上其能抑制高阻抗 PbO 及 PbSO$_4$ 生成,使得铅合金阳极电位大幅度下降,且不同含量的稀土离子的加入后提高铅基合金的耐腐蚀性能的程度也不尽相同。

3.3　新型阳极电解过程非线性机制分析

锰电沉积过程中其表面会形成一些自电极表面向溶液中"突出生长"的枝晶,这是降低电流效率、减小产量、引起电极间短路、生产不稳定的主要因素之一。Despic A. R 等给出了在扩散控制条件下突出点高度与时间的关系,证实了增大流密度提高浓度极化和加强对流减小扩散层厚度,是促使出现"突出生长"的基本条件。同时,大量研究充分表明,金属离子在电极表面上的电沉积物形貌极不规则、极其复杂,具有分形特征,这一非线性的电沉积生长问题早已引起了科学家们的广泛注意。1981 年,A. Wiiten 和 M. Sander 提出了扩散限制分形生长(DLA,diffusion-limited aggregation)模型以研究枝晶的分形生长。1984 年,Matsushita 等设计了一个准二维的电沉积装置,研究了金属锌的薄层电沉积花样,发现在一定电沉积条件下,沉积物生成叶片状沉积图案,与计算机模拟所得到的 DLA 模型图形极为相似,计算的沉积物的分形维数和 DLA 模型也一致。此外,改变沉积参数,如电压、浓度等,沉积物的形态也会发生变化。在不同的电压、浓度下,沉积物具有不同的形态,分别有密集型、枝晶型、开放型、混合型等。

对于电解锰阳极过程而言,氧的析出和产生锰氧化物反应直接在"电极/溶液"界面上实现,其中氧阳极析出过程是一个非常复杂过程,具有电化学反应涉及电子多、中间步骤多、电极反应可逆性小、过电位大等特点。在电解锰中,氧的析出过程是不可避免的,给阳极过程的研究工作带来了许多困难,而阳极副产物锰氧化物不仅影响扩散传质还可以催化氧化水,使得阳极过程蕴含着丰富的非线性机制,极易诱发产生如电化学振荡等非线性动力学现象。因此,对阳极过程非线性动力学行的深刻研究,对提高电流效率、降低能耗、减少阳极泥产生等节能减排新技术提供了必要的理论基础。

3.3.1　电化学振荡

电化学振荡一般指体系在恒定电极电位或电流密度的条件下,电流或电极电位随时间或空间发生的周期性变化的现象,是在远离平衡的电化学体系中出现的一种时间或空间上的有序现象,是化学振荡的一个重要分支。陶长元等人首次在阳极上观察到了电化学振荡现象,而阴极上没有观察到振荡现象,这种阳极电化学振荡现象既可以是电流振荡也可以是电势振荡,考察研究了锰离子浓度、电极电势、电解温度、溶液 pH 值及添加剂 SeO$_2$ 浓度等对电流振荡现象的影响,并通过电镜扫描(SEM)考察了阳极膜结构对电流振荡现象的影响。研究发现,振荡会引起电解能耗的额外变化,不同电解模式功耗不同,恒压电解下相对能耗增加可达到 14 %。

(1)阳极过程电极现象的研究

电解锰体系阳极电势振荡现象的产生,必然伴随着电极环境的变化,如电极表面结构的改变、电极表面附近溶液层的变化,为了验证这一推测,开展了电极/溶液界面现象的研究。其中电流密度为 0.25 A/cm^2,Mn^{2+} 浓度 5 g/L,SeO$_2$ 浓度 0.03 g/L,(NH$_4$)$_2$SO$_4$ 浓度 120 g/L,溶液

pH 值为 7,电解温度为 40 ℃,辅助电极为不锈钢丝电极,参比电极为自制 Ag/AgCl 电极。将制柱状四元合金电极打磨光亮,清洗干净后放入电解液中进行恒流电解 20 min,电位-时间曲线如图 3.11 所示;电解过程中,每 20 s 对阳极区域拍一次照,图 3.12 记录了电解0～240 s 时电极表面附近溶液层的变化情况。

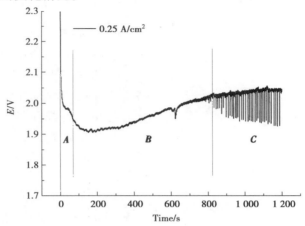

图 3.11　电解锰阳极电势振荡

图 3.12　电解 0～240 s 间阳极表面附近溶液层的变化情况

电解中,电极/溶液界面反应生成一种红色中间产物[如图3.12(b)]并不断向溶液本体扩散[图3.12(c)],在扩散迁移过程中红色中间产物逐渐反应变成棕黄色中间产物[图3.12(d)];棕黄色的中间产物颜色逐渐加深,溶液中出现了悬浮物[图3.12(e)—图3.12(j)];随着电解延续,溶液最终变成黑色浑浊液[图3.12(k)—图3.12(l)],完全不能观察到电极表面溶液层颜色的变化。

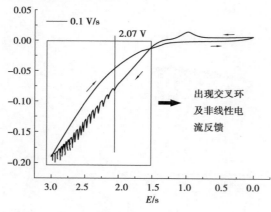

图3.13　电解锰阳极的循环伏安曲线

(2)阳极的电化学分析

电解实验中,已发现了阳极电势振荡现象,这种现象的产生可能由于电极界面存在一对或几对相互交叠的电极反应,每一对相互交叠的电极反应对应两个或多个电极电位,这些不同的电极电位交替占主导地位进而产生电势振荡现象。为了研究电势振荡现象的产生机制,对四元合金阳极进行循环伏安检分析。图3.13为四元合金阳极循环伏安曲线,扫面速度100 mV/s、Mn^{2+}浓度5 g/L,SeO_2浓度0.03 g/L,$(NH_4)_2SO_4$浓度120 g/L,溶液pH值为7、溶液温度为40 ℃,辅助电极为不锈钢丝电极,参比电极为自制 Ag/AgCl 电极。

分析发现,在1.54～3.0 V反扫电流值高于正扫电流值,出现了一个明显的电流交叉环,自2.07 V开始出现窄而尖锐的反扫电流峰,并随着电位的增大而加强。电流交叉环的出现表明,该体系存在一对或几对相互重叠的正负反馈步骤,验证了推测结论。相互重叠,是正反馈和负反馈共存于一定的电势范围内,且交替占主导地位。正反馈和负反馈交替出现于同一区间,是电化学振荡现象产生的必要条件,也是电化学振荡现象的基本特征之一。进一步分析发现,研究体系中电流正反馈和电流负反馈出现的电势区间比较宽,因此,可能同时存在电势振荡和电流振荡。

(3)阳极过程中电势振荡现象

模拟电解锰生产条件开展电解实验,其中 Mn^{2+} 浓度 30 g/L、SeO_2 浓度0.03 g/L、$(NH_4)_2SO_4$ 浓度120 g/L、电流密度为0.4 A/cm^2、电解温度为40 ℃、溶液 pH 值为7。实验结果表明,电解过程中阳极电极电位会出现周期性的电势振荡行为,如图3.14所示,该电势振荡峰向低电势方向。图3.14中记录了电解2 400 s 后1 200 s 内的电势随时间的变化情况。现将高电势平台定义为基准高电势,低电势振荡峰值平台定义为基准低电势,如图3.14内嵌小图所示。图3.15中电势振荡的振幅随时间呈现近似于线性增长后趋于稳定幅值;频率随时间变化时先急剧上升后下降最后在某个基频附近微小波动;电势振荡峰峰高与峰宽均随时间逐渐增大,峰面积也越来越大。

(4)电化学振荡对电解过程的影响

为了研究阳极电势振荡行为对电解锰过程的影响,开展间歇式电解实验,以研究电解过程振荡行为及溶液的变化情况。实验条件为电流密度0.25 A/cm^2、Mn^{2+} 浓度5 g/L、SeO_2 浓度0.03 g/L、$(NH_4)_2SO_4$ 浓度120 g/L、溶液 pH 值为7、溶液温度40 ℃。辅助电极为不锈钢电极,参比电极为自制 Ag/AgCl 电极,电解过程中每20 min 换一次电解液。

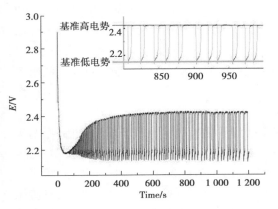

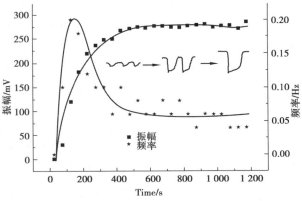

图 3.14 电解锰阳极上出现的电势振荡现象　　图 3.15 振幅和频率时间的变化

①第 1 次电解。阳极出现明显电势振荡现象,阴阳两极都有大量气泡产生,阳极界面伴随有红色中间产物生成并不断向外扩散,红色中间产物在扩散迁移过程中迅速变成棕黄色中间产物,棕黄色的中间产物向溶液本体扩散中颜色逐渐加深,并出现了悬浮物,最终变成黑色阳极泥。图 3.16(a) 所示为电解 20 min 后的溶液,从图中可以看出,电解 20 min 后,溶液变混浊,且有大量黑色沉淀阳极泥生成。

(a)电解 20 min 后的溶解液　(b)第1次换液　(c)第2次换液　(d)第3次换液　(e)第4次换液　(f)第5次换液

图 3.16　每电解 20 min 后得到的溶液

②第 2 次电解。第 1 次电解完成后取出电极,保持电极不变的条件下,更换新的电解液继续进行电解,电解时可观察到阴阳极有大量的气体产生,阳极伴随有红色中间体产物生成,但红色中产物的生成量较少。图 3.16(b) 所示为第 1 次更换溶液电解 20 min 后的溶液,从图中可以发现,溶液依然变浑浊,烧杯底部存在少许黑色阳极泥沉淀。

③第 3 次电解。第 2 次电解完成后取出电极,保持电极不变的条件下,更换新的电解液继续进行电解,电解时可观察到明显的电势振荡现象,阴阳极有大量的气体产生,阳极伴随有极少的红色中间产物生成,电解完成后的溶液颜色为棕粉红且澄清透明[图 3.16(c)]。

④第 4 次电解。第 3 次电解完成后取出电极,保持电极不变的条件下,更换新的电解液继续进行电解,可观察到明显的阳极电势振荡现象,阴阳极有大量的气体产生,阳极伴随有极少量的红色中间产物生成电解后溶液基本为无色基本且澄清透明[图 3.16(d)]。

⑤第 5 次电解。第 4 次电解完成后取出电极,保持电极不变的条件下,继续更换新的电解液进行电解,可观察到明显的阳极电势振荡现象,阴阳极有大量的气体产生,电解前期阳极没

有红色中间产物生成;电解后期阳极表面有黑色固体脱落,此时电势振荡现象消失[图3.17(b)],阳极界面开始出现红色中间产物生成,电解完成后溶液浑浊,烧杯底部存在大量黑色阳极泥沉淀[图3.16(e)]。

⑥第6次电解。第5次电解完成后取出电极,保持电极不变的条件下,继续更换新的电解液进行电解,电解情况与第2次电解基本相同,电解完成后溶液呈棕色,烧杯底部带有少许黑色阳极泥沉淀[图3.16(f)]。

间歇式电解实验表明,当阳极表面生长的层状多孔锰氧化物结构出现脱落时,电势振荡现象立即消失,充分证明了阳极层状多孔锰氧化物薄膜是阳极电势振荡现象产生的直接诱因;当阳极薄膜脱落后,电极表面会再次形成,继续诱发电势振荡行为的发生,说明该阳极层状多孔锰氧化物薄膜具有自修复功能。因此,阳极过程可能存在双周期现象,一是膜结构诱发电势振荡周期;二是膜结构的生长→破裂→再生长周期,即阳极长时间电解的演化过程为:层状多孔膜氧化物薄膜的生长→诱发电势振荡→层状多孔膜氧化物薄膜的破裂→层状多孔膜氧化物薄膜的再生长→再次诱发电势振荡。

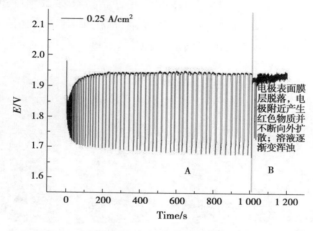

图3.17 第4次更换液后电解锰阳极电势振荡

(5)相空间重构

相空间重构是一种将低维空间扩展到高维空间展示丰富动力学信息的有效方法,采用时间延迟坐标状态相空间重构法,将不同电流密度和不同锰离子浓度也的一维电势振荡时间序列扩展到二维相空间面上,如图3.18和图3.19所示。通过相空间平面图可以清楚地看到电势振荡特征的变化。随着电流密度的增加,相空间从一个相对稳定"结点"[图3.18(a)]变为明显的极限环[图3.18(b)和(c)],然而,随着电流密度的进一步增加,极限环开始弥散,体系逐渐进入混沌区[图3.18(d)]。说明电流强度对电势振荡行为具有调控作用,随着电流密度的增加体系演化的动力学行为可为"近平衡线性区域—周期性振荡区域—混沌振荡区域"。

随着锰离子浓度的增加,相空间从一个相对稳定"结点"[图3.19(a)]变为明显的极限环[图3.19(b)、(c)和(d)],同时这种极限环出现了加强和向中心收缩的变化趋势。说明锰离子浓度对电势振荡行为同样具有调控作用,但这种调控作用没有电流密度强,随着锰离子浓度的增加体系演化的动力学行为可为"近平衡线性区域—周期性振荡区域"。

(6)系统最大Lyapunov指数

Lyapunov指数是衡量系统动力学特性的一个重要定量指标,它表征了系统在相空间中相

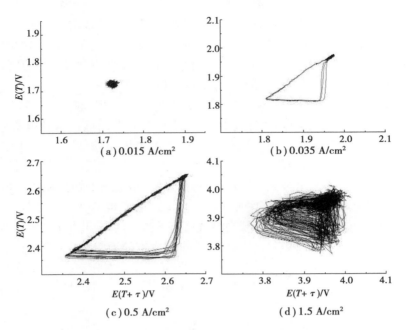

图 3.18　不同电流密度下体系二维相空间图

电流密度:(a) 0.015 A/cm²、(b) 0.035 A/cm²、(c) 0.5 A/cm²、(d)
1.5 A/cm²;延迟时间 τ 为:(a) 0.064 0 s、(b) 0.127 9 s、(c) 0.064 0 s、
(d) 0.155 9 s

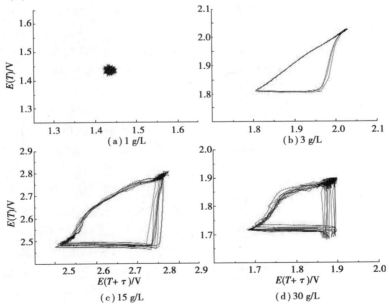

图 3.19　不同锰离子浓度下体系二维相空间图

锰离子浓度:(a) 1 g/L、(b) 3g/L、(c) 15 g/L、(d) 30 g/L;延迟时间 τ
为:(a) 0.192 s、(b) 0.096 s、(c) 0.224 s、(d) 0.32 s

邻轨道间收敛或发散的平均指数率。最大 Lyapunov 指数是判断和描述非线性时间序列是否
为混沌的重要参数:一个正的 Lyapunov 指数,意味着在系统相空间中,无论两条轨线的间距多

么小,其差别会随时间的演化而成指数率的增加以致达到无法预测。

本书运用 OpenTSTOOL 工具包中"largelyap"方法计算最大 Lyapunov 指数。largelyap 算法和 Wolf 算法类似,它是通过预测误差来计算邻近轨迹间间距的平均指数率的增加值,即根据预测误差对预测时间的变化率来估计最大 Lyapunov 指数。

最大 Lyapunov 指数均为正值(图 3.20)表明,无论是否出现电势振荡现象,电势-时间序列终将出现混沌现象,换言之,低电流密度弱极化条件下,随着时间的推移电势序列也会进入混沌。众所周知,电极过程是一个极其复杂的系统,涉及电极/溶液界面上发生的电极反应、化学转化和电极附近溶液层中的传质作用等一系列变化。因此,在低电流密度条件下,随着电解时间的增加,电极过程可能因电极表面结构改变等导致电极极化的加强和减弱频繁交替出现,从而诱发多个电极反应,出现混沌电势-时间序列现象。随着电流密度的增加,最大 Lyapunov 指数也几乎呈现线性增长[图 3.20(a)];当溶液锰离子浓度的增加时,它却在一定基值范围内上下波动[图 3.20(b)]。因此,电势-时间序列对电流密度的敏感性比对锰离子浓度的强。

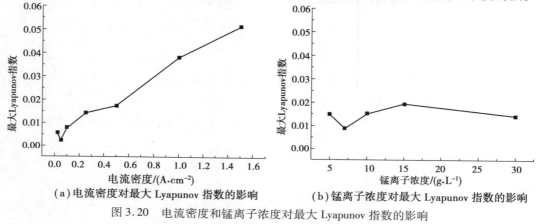

(a)电流密度对最大 Lyapunov 指数的影响　　(b)锰离子浓度对最大 Lyapunov 指数的影响

图 3.20　电流密度和锰离子浓度对最大 Lyapunov 指数的影响

3.3.2　电势振荡对功率耗散的影响

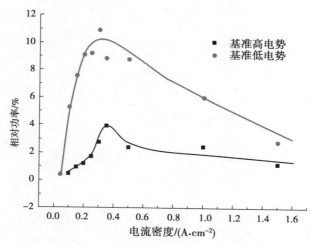

图 3.21　电流密度对系统功率耗散的影响

电势振荡过程中存在基准高电势和基准低电势,即振荡导致平均电压介于两者之间,根据功率定义功率 P = 电压 U × 电流 I,振荡功率耗散也会介于两者产生的功率耗散之间。以振荡功率消耗的相对改变量,即电势振荡产生的功率消耗改变量(ΔP)的绝对值与基准电势功率消耗量(P)之比,来考察电势振荡现象对功率耗散的影响。

改变电流密度,振荡高电势产生的振荡功率耗散相对改变量(以下称"高基准相对功耗")先上升后下降并趋于稳定;振荡低电势产生的振荡功率耗散相对改变量(以下称"低基准相对功耗"),先上升出现极大值区域后,几乎呈线性关系下降,相对功耗减少最大可达 10.91%,如图 3.21 所示。改变锰离子浓度,高相对功耗基本趋于稳定;低相对功耗,首先急剧上升,其次下降出现极小值区域后再上升,最后趋于稳定,如图 3.22 所示。

图 3.21 和图 3.22 中,低基准相对功耗值均高于高基准相对功耗值,说明在恒流电解条件下,电势振荡现象中蕴含着一个功耗可调区域。如果能进一步调控电势振荡,则可能在有序振荡区找到新的电解能耗"鞍点"。这一发现为通过电解工作模式的优化寻找新的节能工作区提供了可能性。

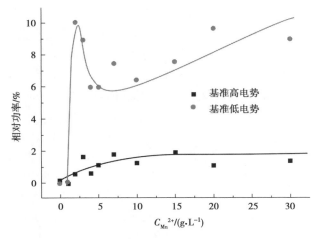

图 3.22　锰离子对系统功率耗散的影响

3.4　多孔阴极电解

将电解锰使用的阴极板改为 316 L 不锈钢冲板,钢板冲孔后能够改变阴极板上的过电位和电流密度分布,同时促进电解槽内的传质。在电解过程中阴极上会伴有析氢反应,产生的气泡会影响阴极板上的锰的析出,所以冲孔会加强气体的导出。多孔极板会改变电解槽内的电场、流场、温场等物理场的分布,进而影响整个电解过程。

多孔阴极在氯碱工业中获得比较好的节能效果,多孔阴极在金属电沉积中也有一定研究意义。

3.5　脉冲电源电解

脉冲电沉积所采用的电流是一种起伏的或通断的、离散式的、非连续性的直流冲击电流,其波形有多种,常见的有方波(或矩形波)、三角波、锯齿波、阶梯波等。目前应用较多的是方波脉冲,如单脉冲(PC)、直流叠加脉冲、周期换向脉冲(PR)等。脉冲电沉积的主要特点是脉冲电流幅度大、脉冲频率高,所允许的最高峰值电流密度比直流电镀大许多倍。脉冲导通时间和脉冲关断时间一般以毫秒(ms)甚至是微秒(μs)计算。所以,脉冲电镀可以克服周期换向电镀方法中反向时间太长的缺点,几乎能用于所有镀种。

脉冲电沉积所依据的电化学原理主要是利用电流(或电压)脉冲的张弛增加阴极的活化极化和降低阴极的浓差极化,从而改善沉积层的物化性能。此外,在金属的电结晶过程中,晶核形成的概率与阴极极化有关。在脉冲电沉积过程中,由于峰值电流密度较高,提高了阴极极化效应,增大阴极过电位,提高成核速率,易生成尺寸较小的大量晶核,从而改善了沉积层的质量,同时也降低了析出电位较负的金属电沉积时析氢等副反应发生的概率。

3.5.1 脉冲电沉积锰的阴极电位

在电极反应中,电极电位对反应的速率影响较大。当其他电沉积条件不变的情况下,仅增大电极电位就可以使电极反应的速度增大许多个数量级。当电极上电化学反应的平衡态未破坏时,可通过改变电极电位来改变放电离子的表面浓度,从而间接地影响电极反应速率,即电极电位通过"热力学"方式来影响电极反应速度;当电化学步骤反应速度较小,为电极过程的控制步骤时,改变电极电位以"动力学"方式来影响电极反应的速率。

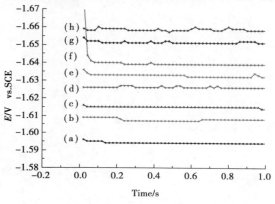

图 3.23　直流电沉积的阴极电位

(a) $I_a = 250$ A/m²;(b) $I_a = 300$ A/m²;(c) $I_a = 350$ A/m²;(d) $I_a = 400$ A/m²;(e) $I_a = 450$ A/m²;(f) $I_a = 500$ A/m²;(g) $I_a = 550$ A/m²;(h) $I_a = 600$ A/m²

在直流电沉积金属锰过程中,由于电流为一恒定值,阴极电位随时间的变化较小,如图 3.23 所示。当平均电流密度为 250 A/m² 时,阴极电位为 −1.595 V。随着电流密度的增大,阴极电位逐渐负移,当平均电流密度为 600 A/m² 时,阴极电位为 −1.658 V。

在脉冲电沉积过程中,由于瞬时脉冲电流密度较大,引起的电极电位随时间的变化较大,有利于提高阴极极化效应,从而增大阴极过电位。图 3.24 为脉冲频率(f)为 1 000 Hz、占空比(r)为 0.5 时,锰电沉积阴极电位随时间的响应情况,随着脉冲电流的周期性变化,阴极电位也随之周期性的波动。在图 3.24 中,电位的最高值代表脉冲峰值电流对应的阴极电位,虚线为理想脉冲条件下电极电位随时间的变化情况。由于电极-溶液界面存在双电层,在电流导通时间内需先向其充电至金属锰电沉积所需的电位值,电流关断时间内双电层的放电作用使阴极电位不能瞬时降为最低值,即存在滞后现象。

将图 3.24 中的直流电位和脉冲阴极电位波动的最高点对电流密度进行作图,得到图 3.25。由图 3.25 知,在相同的脉冲频率和占空比下,升高脉冲平均电流密度,电流导通时的脉冲峰值电位随之负移,即阴极极化效应逐渐提高。当峰值电流密度为 600 ~ 1 200 A/m² 时,直流电沉积时的阴极电位为 −1.61 ~ −1.66 V[图 3.24(a)],脉冲阴极峰值电位为 −1.70 ~ −1.77 V[图 3.24(b)],即脉冲电沉积导通时间内的阴极过电位比直流电沉积过电位大 90 ~ 110 mV。阴极过电位的增大加快了金属锰的沉积速度。此外,阴极过电位的提高也使沉积层结晶更细致,有助于改善锰表面粗糙度。

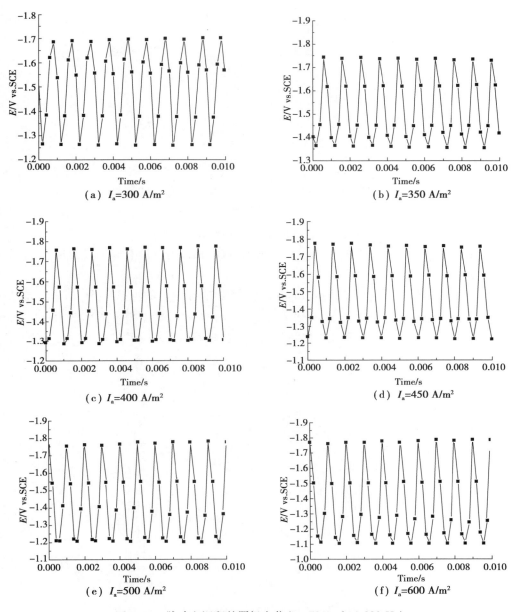

图 3.24　脉冲电沉积的阴极电位($r = 50\%$，$f = 1\ 000$ Hz)

3.5.2　脉冲参数对电沉积锰电流效率和产品中硒含量的影响

直流电解只有电流 I 一个电参数，而脉冲电沉积则有脉冲导通时间(t_{on})、脉冲关断时间(t_{off})和脉冲峰值电流(I_p)3 个主要参数。在脉冲电沉积过程中，改变任一参数都将对电沉积的电容效应、液相传质及吸附现象产生影响，从而影响电沉积层的表面形貌、电流效率及产品中的杂质含量。本实验采用脉冲电解法，改变脉冲参数进行 8 h 的电解实验，考察脉冲占空比、脉冲频率和脉冲平均电流密度 3 个参数对电沉积锰的电流效率及锰产品中硒含量的影响。

电解实验所采用的槽液含 30 g/L Mn^{2+}、120 g/L (NH$_4$)$_2$SO$_4$、0.03 g/L SeO$_2$、pH = 7.0；进

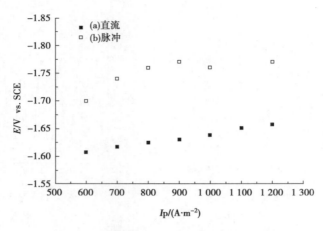

图 3.25　峰值电流密度对阴极电位的影响

液含 35 g/L Mn^{2+}、120 g/L（NH$_4$)$_2$SO$_4$、0.03 g/L SeO$_2$、pH = 6.5。电解时间为 8 h。

（1）脉冲频率

脉冲频率(f)与脉冲周期(T)、导通时间(t_{on})、关断时间(t_{off})的关系见式 3.1。通常认为脉冲频率不能过低,否则相当于直流,起不到脉冲电流的效果;脉冲频率也不能过高,否则脉冲波形易受双电层电容的影响而变平,致使电极瞬间的过电势显著减小,沉积层晶粒尺寸反而增大。

$$f = \frac{1}{T} = \frac{1}{t_{on} + t_{off}} \tag{3.1}$$

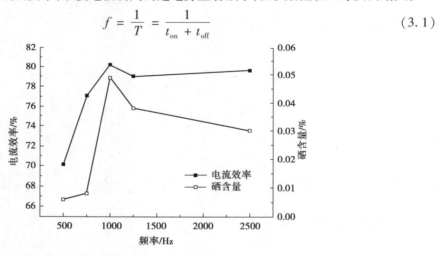

图 3.26　脉冲频率对电流效率和硒含量的影响($I_a = 400$ A/m^2, $r = 0.5$, $t = 8$ h)

图 3.26 所示为脉冲频率对电沉积电流效率及硒含量的影响。在 $r = 50\%$、$I_a = 400$ A/m^2 条件下,当 $f = 500$ Hz 时,电流效率为 70.1%、硒含量为 0.006%。随着脉冲频率的增大,电流效率和硒含量逐渐增大,$f = 1\,000$ Hz 时的电流效率为 80.2%、硒含量为 0.049%。由于电沉积脉冲电流用于双电层充电和电沉积两方面,较高频率下双电层的充放电作用会扭曲脉冲电流波形,故在 $f > 1\,000$ Hz 后,电流效率变化较小。当 $f = 2\,500$ Hz 时,电流效率为 79.6%。此外,随脉冲频率的增大,锰产品中的硒含量先增大后减小,与电流效率随脉冲频率的变化一致。

（2）脉冲占空比

在一定周期下,脉冲导通时间为金属离子还原为金属而析出的时间,此时电极界面的金属离子不断消耗,产生浓差极化;脉冲关断时间为阴极附近消耗的金属离子得到补充的时间。而导通时间(t_{on})与周期(T)之比为脉冲占空比。因此,占空比的选择关系到电极界面金属离子浓度的恢复情况。

图 3.27 所示为 $f = 1\ 000$ Hz、$I_a = 400$ A/m^2 条件下,脉冲占空比对电解锰电流效率和硒含量的影响。当 $r = 20\%$ 时,电流效率为 74.0%、硒含量为 0.041%。随着占空比的增大,电流效率逐渐升高,当 $r = 50\%$ 时,电流效率为 80.2%。在电流关断时间内,溶液本体中金属离子由于扩散和对流传质使得电极附近的金属离子浓度得到恢复。当 $r > 60\%$ 时,关断时间的缩短使电极附近的金属离子浓度得不到较好的恢复,浓差极化逐渐增大,电流效率逐渐降低。锰产品中的硒含量随着占空比的增大呈降低趋势,在占空比为 10% ~ 80% 时,硒含量为 0.03% ~ 0.05%。

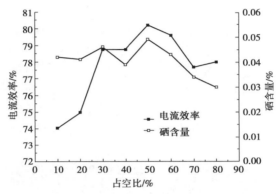

图 3.27　脉冲占空比对电效的影响($I_a = 400$ A/m^2,$f = 1\ 000$ Hz,$t = 8$ h)

（3）脉冲平均电流密度

电流密度是锰电解的关键参数,它直接影响电解锰的质量和生产能力。对于脉冲电沉积,脉冲峰值电流密度 i_p 与平均电流密度 i_m 的关系为:$i_p = i_m/r$。i_p 表征的是导通时间内电化学反应的速率（瞬间值）,而整个脉冲电沉积的反应速率只能以 i_m 来表示。

在频率和占空比一定的条件下,当脉冲电流密度超过一定值时,溶液中大量的金属离子从阴极上得到电子而析出成为金属原子。此时,还原的金属原子进入晶格的速度成为整个电极反应速度的控制步骤。此外,过量的金属原子由于无处成核或来不及进入晶格而聚集形成粉末状微粒悬浮于阴极表面,或脱离金属表面而进入溶液,出现“析出过剩”现象,影响电解锰的电流效率及沉积质量。因此,必须严格控制脉冲电解的电流密度。本实验考察了在一定脉冲周期（频率）和脉冲占空比下,平均电流密度对电沉积锰电流效率和硒含量的影响,如图3.28所示。

由图 3.28 可知,当 $f = 1\ 000$ Hz、$r = 50\%$、$I_a = 350$ A/m^2 时,电沉积锰的电流效率为 82.6%、硒含量为 0.042%。随着脉冲电流密度的增大,锰的沉积速度逐渐提高,同时也加快了析氢反应的速度,导致电流的利用率降低。所以,当 $I_a > 350$ A/m^2 时,电流效率随着 I_a 的增大逐渐降低。与此同时,电沉积锰中的硒含量也随平均电流密度的增大而降低。

3.5.3　脉冲电沉积锰的微观形貌

实验观察到电解 5 min 后的锰表面,有半径约 10 μm 的球形气泡,如图 3.29（a）—图 3.29（c）所示。该球形气泡为析出的氢气在电极表面吸附,从而导致锰离子在阴极上沉积不

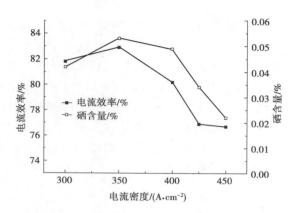

图 3.28　电流密度对电流效率的影响($r = 0.5$, $f = 1\,000$ Hz, $t = 8$ h)

均匀而形成。当金属离子在阴极表面吸附并发生电子转移形成沉积层时,同时伴有氢气的吸附。电极表面新生成的氢气泡有很高的表面能,在此活性位置金属晶核容易生成,金属晶体沿着整个气泡表面生长,当电沉积时间较长时就形成球形"枝晶",如图 3.29(d)所示。随着脉冲占空比的减小,峰值电流密度的增大,析氢反应逐渐减少,且关断时间较长时有利于吸附的氢发生脱附,球状气泡有所减少,证明了采用脉冲电流电沉积金属锰有利于减少析氢反应的发生。

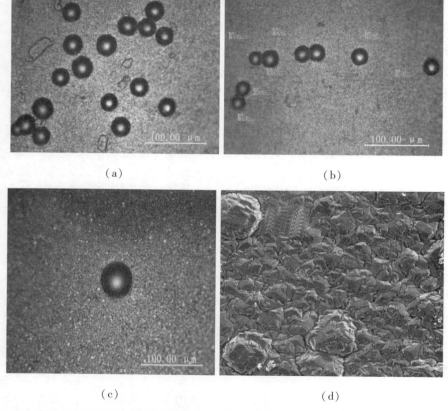

图 3.29　析氢反应对电沉积锰表面形貌的影响($I_a = 400$ A/m^2, $f = 1\,000$ Hz)

图 3.30 所示为电沉积 2 h 后的金属锰表面 SEM 图,可以看出金属锰电结晶的主要形态为棱锥体。可用晶体的螺旋位错生长理论进行解释:实际晶体表面有许多位错(缺陷),晶面上的吸附原子通过扩散作用到达位错台阶边缘时,可沿位错线生长,把位错线填满,如图 3.31 (a)所示,这样原有的位错线消失而形成新的位错线,周而复始就生长成图 3.31(b)所示的棱锥体。

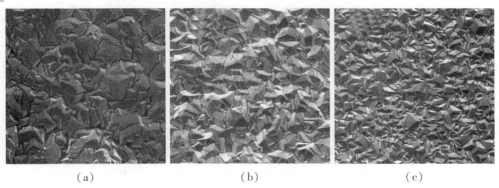

（a） （b） （c）

图 3.30 电沉积 2 h 的金属锰表面形貌($I_a = 400 \ \text{A/m}^2$)

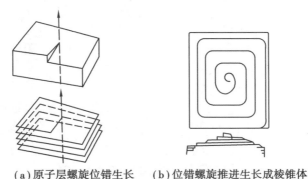

（a）原子层螺旋位错生长 **（b）位错螺旋推进生长成棱锥体**

图 3.31 晶体的螺旋位错生长

此外,从电沉积 2 h 后的 SEM 图(图 3.30)可以看出,脉冲电沉积的锰表面比直流时的锰表面更均匀、细致,颗粒尺寸随占空比的降低而减小,占空比为 20% 时的沉积层颗粒尺寸约为直流的 1/3。在相同的平均电流密度下,占空比越小,峰值电流密度越高,有效地增大了阴极过电位,提高锰成核速率,易生成尺寸较小的大量晶核,从而改善了沉积层的质量。随着电沉积时间的延长,阴极表面的颗粒尺寸不可避免地增大,如图 3.32 所示,表面逐渐粗糙,当沉积时间达到 8 h 后,沉积锰的晶体尺寸达到 40 μm。

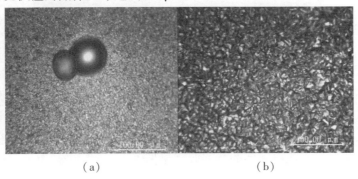

（a） （b）

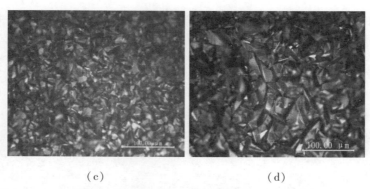

　　（c）　　　　　　　　　　　　　（d）

图3.32　脉冲电沉积锰表面随时间的变化

3.5.4　现场放大试验

　　为了考察脉冲电沉积技术能否应用于电解锰的实际工业生产中,在重庆某锰业公司进行了现场放大实验。脉冲电沉积锰放大实验所用电解装置如图3.33所示。电源为20 V/1 000 A 的脉冲电源(山东淄博昌泰电器有限公司),电解槽的容积为0.55 m³(工厂中试用电解槽),槽内可放置4个阴极和5个阳极;阴极板为304 不锈钢,面积为2 800 cm²;阳极板为Pb-Sn-Ag-Sb 四元合金,栅孔状,面积为1 450 cm²。实验所用的电解液来自生产线,含 Mn^{2+} 量为34.0 g/L,进行长时间电解时,通过软管以补充液形式引入电解槽中。阴极板的处理等准备工序,以及其他实验参数按工厂正常生产条件进行。

　　脉冲电解实验工艺条件参数控制如下:

　　①脉冲频率为35 kHz、占空比为50 %,调节电解电流密度330 ~ 400 A/m²。

　　②通过调节进液流速控制阴极区中锰浓度为15 ~ 18 g/L。

　　③通过氨水、稀硫酸控制阴极区的 pH 值为6.8 ~ 7.5。

　　④通过调节冷却水流速进行控制阴极区内温度38 ~ 40 ℃。

　　⑤电解周期:每电解24 h 出槽、换板。

图3.33　放大实验电解装置

　　电解24 h 后,按常规操作出槽、钝化、烘干,通过观察电解锰表面、称量阴极板质量、计算电流效率、测定电解锰中杂质含量(C、S、P、Si、Se、Fe)等方式对实验效果进行评价。

　　放大试验中,合格液中的二氧化硒浓度控制在0.03 g/L,同时,为了与传统直流电沉积技术相对比,也做了相应的直流电解实验。实验结果见表3.1、表3.2。

表 3.1　脉冲电解放大实验结果

脉冲电流密度/(A·m^{-2})	单板平均产量/kg	电流效率/%
355	3.64	74.4
380	3.98	76.0
380	4.00	76.5
380	3.98	75.7
400	4.08	75.9
400	5.13	74.6
400	4.00	72.3
425	3.82	65.0
425	5.93	63.5

表 3.2　直流电解放大实验结果

直流电流密度/(A·m^{-2})	单板平均产量/kg	电流效率/%
355	3.40	69.1
380	3.65	69.8
380	3.90	70.5
400	3.55	65.1
400	5.98	68.3
400	3.65	65.9
400	3.50	65.4
400	3.65	69.8
425	3.67	62.8

表 3.1 和表 3.2 分别为脉冲、直流电解锰的单板产量和电流效率情况,当电流密度为 380 A/m^2 时,脉冲电沉积的电流效率达76.5%,相同条件下的直流电解电流效率为70.5%。对表 3.1 和表 3.2 中相同电流密度下的电流效率取平均值,作电流密度—电流效率图,得图 3.34。由图 3.34 可知,脉冲电沉积的电流效率高于直流电沉积的电流效率,两种电解方式的电流效率均随平均电流密度的增大呈现出下降趋势。因此电解的电流密度应控制在360～380 A/m^2。此外,由于放大实验采用的电解槽体积为 550 L

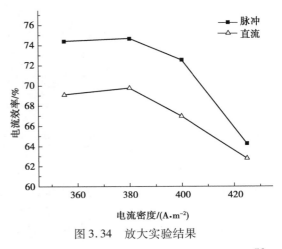

图 3.34　放大实验结果

（实验室电解槽体积为 1 L），电解周期为 24 h（实验室 8 h），放大试验的电解锰电流效率与实验室相比偏低。

（a）

（b）

图 3.35　中试电解锰照片

电解出的锰如图 3.35 所示，表面较平整，晶枝较少。从表 3.3 可知，放大实验电解锰元素分析可知，电解出的金属锰纯度达 99.8 % 以上，但其中的硒含量与实验室的电解实验结果相比，偏高。这是因为进行工厂放大试验时，为保证电解过程的正常进行，在一个新的电解周期开始时有一个调槽的过程，即向阴极区中加入一定量的二氧化硒以提高电解液中的硒浓度，促进锰离子沉积于不锈钢阴极板上，从而导致电解出的金属锰中的硒含量偏高。

表 3.3　脉冲电解锰元素分析结果

Se/%	S/%	Si/%	C/%	P/%	Fe/%	Mn/%
0.118	0.029	0.000 24	0.018	0.000 44	0.002 8	99.83
0.104	0.007	0.002 8	0.008 7	0.000 7	0.008 5	99.87
0.081	0.004	0.003 0	0.007 5	0.000 6	0.004 4	99.90
0.078	0.010	0.002 5	0.008 7	0.000 1	0.004 1	99.90
0.019	0.016	0.001 78	0.008	0.000 24	0.004 7	99.95
0.083	0.010	0.002 2	0.008 4	0.000 5	0.003 4	99.89
0.024	0.022	0.003 21	0.007	0.000 47	0.005 3	99.94
0.036	0.016	0.002 67	0.009	0.000 38	0.003 2	99.93

3.6　新型节能电解槽设计

我国电解锰进入 2000 年以后产能迅猛增加，到目前为止已经发展为产能达到 250 多万 t/a 的大国，而且还在不断地递增。产能的增大导致矿产资源、能源的大量消耗，废气、废水、废渣的大量排放，为有效控制矿源、能源的合理使用，减少环境污染，国家已经对环境保护、行业准入标准、安全生产和职业病防治等方面的要求越来越严格。所以,建设节能减排、低耗高效经济型的现代化生产企业是以后的发展方向。节能降耗是电解锰生产企业当前要面对和解决的问题之一。我国电解锰生产厂家的直流电耗大多控制为 5 600 ~ 7 000 kW·h/t,直流电流效率达到 75 % 这个水平。由此可见,还有 25 % 左右的空间可以去挖掘。在电解锰的生产过程中,有 95 % 以上的电耗集中在电解槽上。所以,电解槽的设计、安装和相应的配置是否科学合理就直接决定能耗的高低。

3.6.1　电极间距

锰电解槽中,电流通过电解液完成电流传递。电解液浓度大小、电解槽内阴、阳离子向阳极和阴极移动的距离直接决定槽内电阻的大小。电解锰生产过程中,电解液的浓度基本是稳定的,减小阴阳离子的移动距离,也就是缩小极距是减小槽电阻、降低槽电压的有效途径,同时在相同的电压时极板间电场强度增加,有利于离子迁移。基于这个道理,业内人士为了节能,在如何缩短极距问题上进行了研究,电解锰最初采用的极间距为 50 mm,当时的直流电耗为 8 500 ~ 10 000 kW·h/t。现在所采用的极间距为 35 ~ 40 mm,直流电耗有效地控制在 6 200 kW·h/t 以内。由此可见,通过缩短极距这一措施,在节能这方面实现了重大飞跃。但是过度的缩小极距,使本来已经很狭小的阴、阳极空间显得更加狭小,生产操作过程中出槽时就很容易划破隔膜袋,也很容易造成阴、阳极板在槽面和槽内直接短路,其他不短路的极板也会加剧尖端放电这一现象,反而引起电能的损耗。

3.6.2　阴、阳极室空间

电流在电解槽内的传导是依靠电解液中阴、阳离子的移动来完成的,溶液中阴、阳离子浓度越高导电系数就越大,电阻就越小。我们来分析一下电解槽内阴、阳极室的溶液成分:在阴极室里是电解液有 $MnSO_4$、$(NH_4)_2SO_4$、水等成分;而在阳极室内除了有和阴极室一样成分的电解质外,还有一种电解质,就是在电解过程中阳极反应生成的 H_2SO_4。众所周知,硫酸也是一种强电解质,在阳极室内阴阳离子的浓度就要比阴极室内阴阳离子的浓度要高,阳极液就要比电解液的导电能力要强,电流在阳极室内的电阻就要小。因此,在设计阴、阳极空间比例时,就应该在条件许可的情况下,考虑阳极室的空间稍比阴极室的空间大,有利于减少槽内电阻。比方说采用 70 mm 极距的设计方案时,我们就可以考虑阴极室设计为 30 mm 的空间,而阳极室设计为 40 mm,这样设计的阴阳极室空间比例,要比 35∶35 或者阴极室大、阳极室小所获得的效果好。

参考文献

[1] HOU T L. The anodic films on lead alloys containing rare-earth elements as positive grids in lead acid battery [J]. Materials Letters,2003(57):4597-4600.

[2] HOU T L. A Lead-Tin-Rare earth Alloy For VRLA Batteries [J]. J. Electrochem. Soc. ,2004, 151 (7).

[3] 张新华,杨炯,周彦葆,等.温度对铅钟合金在硫酸溶液中阳极膜 Pb(Ⅱ)生长速率的影响研究[J].蓄电池,2001(38):3-5.

［4］柳厚田,张新华,杨炯,等.降低在硫酸溶液中生长的阳极 Pb(Ⅱ)氧化物膜的电阻的研究
　　［J］.化学学报,2002(60):643-646.

［5］杨炯,梁海河,柳厚田,等.铅饰和常用板栅合金在硫酸溶液中生成的阳极膜的比较［J］.
　　复旦大学学报,2000,39(34):427-431.

［6］洪波.锌电积用铅基稀土合金阳极性能研究［D］.南京:东南大学,2010.

［7］陈家镛.湿法冶金手册［M］.北京:冶金工业出版社,2005.

［8］ZHANG W S,CHENG C Y. Manganese metallurgy review. part Ⅰ:leaching of ores/secondary
　　materials and recovery of electrolytic/chemical manganese dioxide［J］.Hydrometallurgy,2007,
　　89:137-172.

［9］MENDONCA D A J A,REIS D C M M,CUNHA L V D F. Reuse of furnace fines offer alloy in
　　the electrolytic manganese production［J］.Hydrometallurgy,2006,84:204-210.

［10］谭柱中.2007 年中国电解锰生产的回顾与展望［J］.中国锰业,2008,26(2):1-3.

［11］熊素玉,张在峰.我国电解锰工业存在的问题与对策［J］.中国锰业,2005,23(1):10-12.

［12］YOSHIMURA S,CHIDA S,SATO E,et al. Pulsed current electrodeposition of palladium［J］.
　　Metal Finishing,1986,84(10):39-42.

［13］谭柱中,梅光贵,李维健,等.锰冶金学［M］.长沙:中南大学出版社,2004.

［14］孙大贵,刘兵,刘作华,等.电解制锰添加剂的研究进展［J］.中国稀土学报,2008,26(s),
　　934-937.

［15］孙健哲,陈虎魁,郭进宝,等.脉冲电解制备电解锰的研究［J］.中国锰业,1998,16(2):
　　25-28.

［16］周敏元,梅光贵.电解锰阴、阳极过程的电化学反应及提高电流效率的探讨［J］.中国锰
　　业,2001,19(1):17-19.

［17］孙健哲,陈虎魁,杨新科.电解锰电积过程中的析气效应及对策［J］.中国锰业,1997,15
　　(3):44-48.

［18］KEIZER J. The nonequilibrium electromotive force. Ⅱ. Theory for a continuously stirred tank
　　reactor［J］. J. Chem. Phys,1987,87(7):4074-4087.

［19］罗久里,赵南蓉.从局域平衡热力学到随机热力学［M］.成都:四川科学技术出版社,
　　2004:276-322.

［20］徐家文,云乃彰,王建业,等.电化学加工技术——原理,工艺及应用［M］.北京:国防工业
　　出版社,2008.

［21］陈书荣,张郑,谢刚,等.金属锌电沉积的分形研究［J］.西安建筑科技大学学报:自然科
　　学版,2006,38(5):686-691.

［22］王桂峰,黄因慧,田宗军,等.不同条件下金属镍电沉积中枝晶生长的分形维数［J］.机械
　　工程材料,2008,32(8):16-20.

［23］王桂峰,黄因慧,刘志东,等.金属镍电沉积中枝晶分形生长的研究［J］.电镀与环保,
　　2007,27(3):14-16.

［24］莫烨强,戴亚堂,樊彬,等.电解法制备锌粉形貌的控制［J］.中国粉体技术,2008,14(2):
　　26-28.

［25］WITTEN T A, SANDER L M. Diffusion-Limited Aggregation, a Kinetic Critical Phenomenon

　　［J］. Phys. Rev. Lett. , 1981(47):1400.

［26］TERMONIIA Y, MEAKIN P, Nature, 1986,320(3):429.

［27］HOAR T P, FARTHING T W. Solid films on electropolishing anodes［J］. Nature, 1 952 (169):324-331.

［28］FRANCK U F. Polarisationstitration Teil I: Prinzip, Durchführung und Anwendbarkeit des Verfahrens［J］. Habilitation Sschrift. Universitat Gottingen(M),1954,58(5):348-354.

［29］WILLIAMS E C,Barlett M A. Journal of the Electrochemical Society,1958,103:363-371.

［30］Prigogine I. Structure, dissipation and life［C］. Communication Presented at the First International Conference "Theoretical Physics and Biology", Versailles 1967; North-Holland Pub. Am. 1969.

［31］ALBAHADILY F N, SCHELL M. Observation of several different temporal patterns in the oxidation offormic acid at rotating platinum-disk electrode in an acidic medium［J］. Journal of Electroana-lytical Chemistry and Interfacial Electrochemistry, 1991, 308(1-2): 151-173.

［32］KOPER M T M. Stability study and categorization of electrochemical oscillators by impedance spectroscopy［J］. J. Electoanal. Chem. ,1996,409:175-182.

［33］LI Z L,CAI J L,ZHOU S L. Potential oscillations during the reduction of Fe(CN)63- ions with convection feedback ［J］. Journal of Eletroanalytical Chemistry, 1997, 432 (1-2): 111-156.

［34］JIANG X C,CHEN S,LI Z L. TWO Types of Potential Oscillation During the Reduction of Dichromate on Gold Electrode in H2S04 Solution［J］. Chinese Journal of Chemical Physics, 2006,19:214-218.

［35］LI Z L,YUAN Q H,REN B. A new experimental method to distinguish two different mechanisms for a category of oscillators involving mass transfer［J］. Electrochem. Commun. ,2001, 3:654-658.

［36］LI Z L,YU Y,LIAO H,et al. A universal topology in nonlinear electrochemical systems［J］. Chem. Lett. ,2000,29(4):330-331.

［37］LI Z L,REN B,NIU Z J,et al. On the criteria of instability for electrochemical systems［J］. Chin. J. Chem. ,2002,20:657-662.

［38］GLARUM S H,MARSHALL J H. The anodic dissolution of copper into phosphoric acid II Impedance behavior［J］. Journal of the Electrochemical Society,1985,132(12):2878-2885.

［39］ALBAHADILY F N,MARK S. An experimental investigation of periodic and chaotic electrochemical oscillations in the anodic dissolution of copper in phosphoric acid［J］. Journal of Chemical Physics,1988,88(7):4312-4319.

［40］MINOTAS J C,DJELLAB H,GHALI E. Anodic behavior of Copper eletrodes containong arsenic or antimony as impurities ［J］. Journal of Applied Electrochemistry,1989,19:777-783.

［41］李学良,束志恒,朱云贵,等. 磷酸溶液中铜阳极溶解的电流混沌振荡行为［J］. 合肥工业大学学报:自然科学版,2001,24(4):482-485.

［42］吴世彪,徐玲. 磷酸中铜阳极电溶解过程的复杂电流振荡分析［J］. 有色金属,2009,61 (2):64-67.

[43] 雷惊雷,罗久里. 铜电极阳极溶解过程恒电位电流振荡的动力学模型[J]. 高等学校化学学报,2000(3):453-457.

[44] URVOLGYI M,GÁSPÁR V,NAGY T,KISS I Z. Quantitative dynamical relationships for the effect of rotation rate on frequency and waveform of electrochemical oscillations[J]. Chemical Engineering Science,2012(83):56-65.

[45] CUI Q Z,DEWALD H D. Current oscillations in anodic electrodissolution of copper in lithium-ion battery electrolyte[J]. Elextrochimica Acta,2005,50:2423-2429.

[46] DIMITRA S,MICHAEL P. Non-linear dynamics of the passivity breakdown of iron in acidic solutions[J]. Chaos,Solitons & Fractals,2003,17(2-3):505-522.

[47] ZHAO S Y,CHEN S H,MA H Y,et al. Current oscillations during electrodissolution of iron in perchloric acid solutions[J]. Journal of Applied Electrochemistry,2002,32:231-235.

[48] DEGN H. Bistability caused by substrate inhibition of peroxidase in an open reaction system [J]. Nature,1968,217:1047-1050.

[49] WOJTOWICZ J A,Polak R. J. 3-Substituted oxetaners[J]. The Journal of Organic Chemistry,1973,38(11):2061-2066.

[50] 雷惊雷,罗久里. 金电极外控电压阳极溶解过程中非连续型电化学振荡的动力学分析[J]. 四川大学学报:自然科学版,1999,36(3):556-561.

[51] 郑菊芳,李则林. 镍在含硫氰酸根离子的硫酸溶液中电溶解的电流振荡[J]. 浙江师范大学学报:自然科学版,2008,31(4):432-436.

[52] HUDSON J L,BELL J C,JAEGER N I. Potentiostatic current oscillations of cobalt electrodes in hydrochloric acid/chromic acid electrolytes[J]. Berichte der Bunsen-Gesellschaft für Physikalische Chemie,1988,92(11):1383-1387.

[53] SAZOU D,PAGITSAS M. Experimental bifurcation analysis of the Cobalt/phosphoric acid electrochemical oscillator[J]. Electrochimica Acta.,1995,40:755-766.

[54] FRUMKIN A N,PETRII O A,Nikoaeva F N V. Current time curves for the production of anions at dropping electrode[J]. Doklady Akademii Nauk SSSR,1961,136:1158-1162.

[55] FLESZAR B,KOWALSKI J,BIENIASZ H. Oscillations of instantaneous current in electrochemical systems:dropping mercury electrode-chromate ions and dropping mercury electrode-sulfur[J]. Rocz. Chemical,1973,47:1287-1791.

[56] FENG J M,GAO Q Y,LI J,et al. Current oscillations during the electrochemical oxidation of sulfide in the presence of external resistor[J]. Sci China Ser B-Chem,2008,51:333-340.

[57] O'BRIEN J A,HINKLEY J T,DONNE S W. Observed electrochemical oscillations during the oxidation of aqueous sulfur dioxide on a sulfur modified platinum electrode[J]. Electrochimica Acta.

[58] OKAMOTO H,TANAKA N,NAITO M. Modelling temporal kinetic oscillations for electrochemical oxidation of formic acid on Pt[J]. Chemical Physics Letters,1996,248(3-4):289-295.

[59] KISS I Z,MUNJAL N,MARTIN R S. Synchronized current oscillations of formic acid electro-oxdation in a microchip-based dual-electrode flow cell[J]. Electrochimica Acta,2009,50:395-403.

［60］KIKUCHI M, KON W, MIYAHARA S, MUKOUYAMA Y, OKANOTO H. Potential oscillation generated by formaldehyde oxidation in the presence of dissolved oxygen［J］. Electrochimica Acta, 2007, 53: 846-852.

［61］HUANG W, LI Z L, PENG Y D, et al. Transition of oscillatory mechanism for methanol electro-oxidation on nano-structured nickel hydroxide film（NNHF）electrode［J］. Chem. Commun. , 2004, 10: 1380-1381.

［62］TOSHIHIRO T, KAZUHITO H, RYUHEI N. Mechanisms of pH-dependent activity for water oxidation to molecular oxygen by MnO_2 electrocatalysts. J. Am. Chem. Soc. , 2012, 134: 1519-1527.

［63］FRANK J, JERZY H, KNUD S. Manganese（Ⅱ）-superoxide complex in aqueous solution［J］. J. Phys. Chem. A. , 1997, 101: 1324-1328.

［64］FRANK J, JERZY H, KNUD S. Oxidation of manganese（Ⅱ）by ozone and reduction of man-ga-nese（Ⅲ）by hydrogen peroxide in acidic solution［J］. J Chem Kinet, 1998, 30: 207-214.

［65］查全性. 电极过程动力学导论［M］. 北京: 科学出版社, 2002.

［66］吕金虎, 陆君安, 陈士华. 混动时间序列分析及应用［M］. 武汉: 武汉大学出版社, 2002.

［67］黄卡玛, 刘宁, 刘长军, 等. 电磁辐射下的化学反应过程［J］. 科学通报, 2001, 45（11）: 1217-1220.

［68］WOLF A, SWIFT J B, SWINNEY L, et al. Determining Lyapunov exponents from a time series［J］, Physica D, 1985, 16（3）: 285-317.

［69］NICOLS G. , PRIGOGINE I. 非平衡系统的自组织［M］. 徐锡申, 陈世刚, 王光瑞, 等, 译. 北京: 科学出版社, 1986: 73.

［70］孙祥, 徐流美, 吴清. MATLAB7. 0 基础教程［M］. 北京: 清华大学出版社, 2005: 129.

［71］谭柱中, 梅光贵. 锰冶金学［M］. 长沙: 中南大学出版社, 2004: 341-349.

［72］郭忠诚, 曹梅. 脉冲复合电沉积的理论与工艺［M］. 北京: 冶金工业出版社, 2009: 3-34.

［73］杨宏孝, 凌芝, 颜秀茹. 无机化学［M］. 3 版. 北京: 高等教育出版社, 2002: 418-421.

［74］陈家镛. 湿法冶金手册［M］. 北京: 冶金工业出版社, 2005: 1243-1268.

［75］谭柱中. 2007 年中国电解锰生产的回顾与展望［J］. 中国锰业, 2008, 26（2）: 1-3.

［76］蔡大为. 我国电解锰技术现状及其研究方向［J］. 中国锰业, 2009, 27（3）: 12-16.

［77］SYLLA D, CREUS J, SAVALL C, et al. Electrodeposition of Zn-Mn alloys on steel from acidic Zn-Mn chloride solutions［J］. Thin Solid Films, 2003, 424: 171-178.

［78］谭柱中. 发展中的中国电解锰工业［J］. 中国锰业, 2003, 21（4）: 1-5.

［79］熊素玉, 张在峰. 我国电解锰工业存在的问题与对策［J］. 中国锰业, 2005, 23（1）: 10-12.

［80］RADHAKRISHNAMURTHY P, Reddy A K N. The mechanism of manganese electrodeposition［J］. Journal of Applied Electrochemistry, 1974, 4: 317-321.

［81］周敏元, 梅光贵. 电解锰阴、阳极过程的电化学反应及提高电流效率的探讨［J］. 中国锰业, 2001, 19（1）: 17-19.

［82］向国朴. 脉冲电镀的理论和应用［M］. 天津: 天津科学技术出版社, 1989: 1-11.

［83］PUIPPE J Cl, IBL N. Influence of charge and discharge of electric double layer in pulse plating［J］. Journal of applied electrochemistry, 1980, 10: 750-784.

[84] CHANG L M. Diffusion layer model for pulse reverse plating[J]. Journal of Alloys and Compounds,2008,466:19-22.

[85] YOSHIMURA S,CHIDA S,SATO E,et al. Pulsed current electrodeposition of palladium[J]. Metal Finishing,1986,84(10):39-42.

[86] KWAK S I,JEONG K M,KIM S K,et al. Current distribution and current efficiency in pulsed current plating of nickel [J]. Journal of the Electrochemical Society, 1996, 143 (9): 2770-2776.

[87] WAN C C. A study of electrochemical kinetics of copper deposition under pulsed current conditions [J]. Journal of applied electrochemistry,1979,9:29-35.

[88] TSAI W-C,WAN C-C,WANG Y-Y. Mechanism of copper electrodeposition by pulse current and its relation to current Efficiency [J]. Journal of Applied Electrochemistry,2002,32:1371-1378.

[89] CHENE O,Landolt D. Influence of mass transport on the deposit morphology and the current efficiency in pulse plating of copper[J]. Journal of Applied Electrochemistry,1989,19(2): 188-194.

[90] NATTER H,Hempelmann R. Nanocristalline copper by pulsed electrodeposition:the effects of organic additives,bath temperature,and pH[J]. J. Phys. Chem. 1996,100:19525-19532.

[91] ANETA L,ANNA P,PRZEMYSAW L. Shape and size controlled fabrication of copper nanopowders from industrial electrolytes by pulse electrodeposition[J]. Journal of Electroanalytical Chemistry,2009,637:50-54.

[92] LEISNER P,FREDENBERG M,BELOV I. Pulse and Pulse reverse plating of copper from acid sulphate solutions [J]. Transactions of the Institute of Metal Finishing, 2010, 88 (5): 243-247.

[93] STOYCHEV D S,AROYO M S. The influence of pulse frequency on the hardness of bright copper electrodeposits [J]. Plat & Sur Fin,1997,84(8):26-28.

[94] 鲁道荣,何建波,李学良,等.高电流密度脉冲电解制备纯铜的研究[J].有色金属:冶炼部分,2002(5):11-14.

[95] 陈少华,鲁道荣,李学良,等.脉冲电解制备纯铜的工艺条件[J].有色金属:冶炼部分,2004,56(3):10-12.

[96] AMARESH C M, AWALENDRA K T,Srinivas V. Effect of deposition parameters on microstructure of electrodeposited nickel thin films [J]. J Mater Sci,2009,44:3520-3527.

[97] 王立平,肖少华,高燕,等.脉冲电流密度对电沉积纳米晶镍织构和硬度的影响[J]. Plating and Finishing,2005,27(3):40-42.

[98] SHEN Y F,XUE W Y,WANG Y D,et al. Mechanical properties of nanocrystalline nickel films deposited by pulse plating [J]. Surface & Coationgs Technology,2008,202:5140-5145.

[99] 葛文,肖修锋,王颜.双向脉冲电镀纳米级镍镀层耐腐蚀性能研究[J].电镀与涂饰,2010,29(8):8-11.

[100] QU N S,ZHU D,CHAN K C,LEI W N. Pulse electrodeposition of nanocrystalline nickel using ultra narrow pulse width and high peak current density [J]. Surface and Coatings Tech-

noloogy, 2003, 168:123-128.

[101] XU J X, WANG K Y. Pulsed electrodeposition of monocrystalline Ni nanowire array and its magnetic properties [J]. Applied Surface Science, 2008(254):6623-6627.

[102] 郑良福, 彭晓, 王福会. 脉冲周期和糖精添加剂对电沉积镍镀层微观结构的影响[J]. 材料研究学报, 2010, 24(5):501-507.

[103] HIPPCHEN S, WINTER D, MORA V G. Process for high rate electrodeposition on metals and substrates by a pulsed stream technique to avoid dendritic crystal growth useful for corrosion protection of components in the automobile industry [P]. DE102004003412-A1, 2004.

[104] YOUSSEF K M, KOCH C C, FEDKIW P S. Influence of pulse plating parameters on the synthesis and preferred orientation of nanocrystalline zinc from zinc sulfate electrolytes[J]. Electrochimica Acta, 2008, 54:677-683.

[105] RAMANAUSKAS R, GUDAVICIUTE L, JUSKENAS R, et al. Structural and corrosion characterization of pulse plated nanocrystalline zinc coatings [J]. Electrochimica Acta, 2007, 53:1801-1810.

[106] 张景双, 翟淑芳, 屠振密. 脉冲电流对锌酸盐镀锌层的影响[J]. 电镀与环保, 2002, 22(5):5-6.

[107] GOMES A, SILVA M I. Pulsed electrodeposition of Zn in the presence of surfactants [J]. Electrochimica Acta, 2006(51):1342-1350.

[108] GAY P A, BERCOT P, PAGETTI J. Pulse plating effect in silver electrodeposition [J]. Plating and Surface Finishing, 2000, 87(12):80-85.

[109] 杨哲龙, 安茂忠, 李国强. 脉冲参数对光亮银镀层性能的影响[J]. 材料保护, 1998, 31(6):17-19.

[110] BORISSOV D, TSEKOV R, Freyland W. Pulsed electrodeposition of two-dimensional Ag nanostructures on Au(Ⅲ)[J]. J. Phys. Chem. B, 2006(110):15905-15911.

[111] ASADUL S M, SAITOU M. Surface roughness of thin silver films pulse-plated using silver cyanide-thiocyanate electrolyte [J]. J Appl Electrochem., 2008, 38:1653-1657.

[112] KOICHI U, SHINEI K, YOSHIHIRO K, et al. Electrochemical characteristics of Sn film prepared by pulse electrodeposition method as negative electrode for lithium secondary batteries [J]. Journal of Power Sources, 2009, 189:224-229.

[113] VICENZO A, BONELLI S, CAVALLOTTI P L. Pulse plating of matt tin:effect on properties [J]. Transaction of the Institute of Metal Finishing, 2010, 88(5):248-255.

[114] YE F, CHEN L, LI J J, et al. Shape-controlled fabrication of platinum electrocatalyst by pulse electrodeposition [J]. Electrochemistry Communications, 2008, 10:476-479.

[115] IRENE J H, DANIEL V E, ELIZABETH G M, et al. Particle shape control using pulse electrodeposition:Methanol oxidation as a probe reaction on Pt dendrites and cubes[J]. Journal of Power Sources, 2011, 196:8307-8312.

[116] LI B, FAN C H, CHEN Y, et al. Pulse current electrodeposition of Al from an AlCl$_3$-EMIC ionic liquid[J]. Electrochimica Acta, 2011, 56:5478-5482.

[117] 孙健哲, 陈虎魁, 郭进宝, 等. 脉冲电解制备电解锰的研究[J]. 中国锰业, 1998, 16(2):

24-27.

[118] 王敬明. 电解锰阴极过程初探[J]. 中国锰业,1994,12(1):47-48.

[119] 孙健哲,陈虎魁,杨新科. 电解锰电积过程中的析气效应及对策[J]. 中国锰业,1997,15(3):44-48.

[120] GONG J,ZANGARI G. Electrodeposition and characterization of manganese coatings [J]. Journal of the Electrochemical Society,2002,149(4):C209-C217.

[121] 周元敏,梅光贵. 电解锰阴、阳极过程的电化学反应及提高电流效率的探讨[J]. 中国锰业,2001,19(1):17-19.

[122] CLARKE C J,BROWNING G J,Donne S W. An RDE and RRDE study into the electrodeposition of manganese dioxide [J]. Electrochimica Acta,2006,51:5773-5784.

[123] 孙健哲,陈虎魁,郭进宝. 金属锰电解的电化学原理分析[J]. 宝鸡文理学院学报,1997,17(1):33-38.

[124] 查全性. 电极过程动力学导论[M]. 北京:科学出版社,2002:112-158.

[125] 陈国华. 电化学方法与应用[M]. 北京:化学工业出版社,2003:54-88.

[126] 胡钢,许淳淳,张新生. 304 不锈钢在闭塞区溶液中钝化膜组成和结构性能[J]. 北京化工大学学报,2003,30(1):20-23.

[127] 张颖,张胜涛,万帧. 硫酸锰溶液的浸取及隔膜对于金属锰电解过程的影响[J]. 中国锰业,2006,24(1):34-38.

[128] YB/T 051—2003. 电解锰[S].

[129] GB/T 1506—2002 锰矿石锰含量的测定:电位滴定法和硫酸亚铁铵滴定法[S].

[130] GB 8654.6—88 金属锰化学分析方法-盐酸联氨-碘量法测定硒量[S].

[131] RADHAKRISHNAMURTHY P,REDDY A K N. Mechanism of action of selenious acid in the electrodeposition of manganese [J]. Applied Electrochemistry,1977,7:113-117.

[132] 陈云清,邢小鹏,刘鹏,等. Mn/Se,MnO_2/Se 和 Mn/SeO_2 体系形成的团簇离子的质谱研究[J]. 高等学校化学学报,2000,21(5):743-746.

[133] ILEA P,POPESCU I C,Melania U,et al. The electrodeposition of manganese from aqueous solutions of $MnSO_4$. IV:Electrowinning by galvanostatic electrolysis[J]. Hydmmetallurgy,1997,46:149-156.

[134] WEI Q F,REN X L. Study of the electrodeposition conditions of metallic manganese in an electrolytic membrane reactor [J]. Minerals Engineering,2010,23:578-586.

[135] SUN Y,TIAN X K,HE B B,et al. Studies of the reduction mechanism of selenium dioxide and its impact on the microstructure of manganese electrodeposit[J]. Electrochimica Acta,2011,56:8305-8310.

[136] 李荻. 电化学原理[M]. 北京:北京航空航天大学出版社,1999:322-324,364-367.

[137] FLETCHER S. Some new formulae applicable to electrochemical nucleation/growth/collision [J]. Electrochimica Acta,1983,28(7):917-923.

[138] DHANANJAYAN N. Mechanism of Electrodeposition of Manganese in Alpha and Gamma Modifications[J]. Journal of the Electrochemical Society,1970,117(8):1006-1011.

[139] 周良才. 铁镍钴等元素对金属锰电解沉积的影响[J]. 中国锰业,1992,10(4):42-46.

[140] 朱建平. 电解锰生产过程中各因素对电耗的影响[J]. 中国锰业,1999,17(3):32-35.

[141] CHANDRASEKAR M. S,PUSHPAVANAM M. Pulse and pulse reverse plating:Conceptual, advantages and applications[J]. Electrochimica Acta,2008,53:3313-3322.

[142] LIU Z. W,ZHENG M,ROBERT D. H,et al. Effect of Morphology and Hydrogen Evolution on Porosity of Electroplated Cobalt Hard Gold[J]. Journal of The Electrochemical Society, 2010,157(7):D411-D416.

[143] 张玉碧,高小丽,王东哲,等. 脉冲电沉积机理、动力学分析及其验证[J]. 材料保护, 2011,44(6):18-21.

[144] EBRAHIMI F,AHMED Z. The effect of current density on properties of electrodeposited nanocrystalline nickel[J]. Journal of applied electrochemistry,2003,33:733-739.

[145] TSAI W. L,HSU P. C,WU Y H. Building on bubbles in metal electrodeposition[J]. Nature, 2002,417:139.

[146] 姚镇,田禹,李固芳,等. 影响电解槽电流效率的主要因素[J]. 湖南化工,1998,28(1): 31-33.

[147] 张邦琪,梁卫国. 铜电解技术的进展[J]. 中国有色冶金,2007,10(5):12-18.

[148] 程彤. ISA 铜电解工艺介绍[C]. 第二届全国重冶新技术新工艺成果交流推广应用会论文集,2005:138-146.

[149] 张帆. ISA 铜电解技术的进展[J]. 有色金属:冶炼部分. 2005(1):2-4,10.

[150] 薛方勤. 铜电解精炼不锈钢阴极材料的研究与应用[D]. 昆明:昆明理工大学,2003.

[151] 毛允正. 国内外铜电解工艺技术与装备综述[J]. 资源再生,2012,6:50-52.

第 4 章
电解锰过程"三废"处理

4.1 电解锰生产工艺过程的废水污染

4.1.1 电解锰过程废水的来源

电解锰生产过程产生了严重的环境污染,其中以废水污染最为严重。电解锰废水产生的主要环节是:压滤、出槽、钝化、清洗等生产环节。废水的主要来源:

①制备电解液过程和压滤过程产生的废水,主要包含锰、氨氮等污染物。

②电解制备金属锰过程、清洗极板、出槽钝化等过程产生的废水,其中含有锰、铬等污染物。

③电解锰渣堆放的渣场经过雨水产生的大量的渗滤液,也是不容忽视的废水来源的一部分。

每生产 1 t 金属锰就会产生工业废水 $10 \sim 25 \ m^3$,排放的冷却水为 $150 \sim 300 \ m^3$,我国现有电解锰企业有 120 余家,电解锰年产量已超过 100 万 t,每年的生产废水约为 3.25 亿 t。一家 3 万 t/a 规模的电解锰企业,每天产生废水量为 30 t 左右,由于这部分废水中含有的主要污染物为 SS、Mn^{2+}、NH_3—N 等。由于不包含会毒害或影响电解锰生产过程的杂质或污染物,大多数企业对这部分废水都只作简单沉淀处理,然后回用于清洗过程或配制氨水,经过 10 次左右的循环回用,污染物累积到较高浓度时集中排放 1 次。电解锰废水的主要成分和浓度见表 4.1,电解废水中的主要污染物 Mn^{2+} 超标 $750 \sim 1\ 250$ 倍,NH_3—N 超标 $50 \sim 100$ 倍,Cr^{6+} 超标 $300 \sim 700$ 倍。

表 4.1　电解锰废水的主要成分和浓度

检测项目	检测结果/$(mg \cdot L^{-1})$	排放标准/$(mg \cdot L^{-1})$
pH 值	$4 \sim 6$	$6 \sim 9$
SS	300	70
NH_3—N	$800 \sim 1\ 500$	15

续表

检测项目	检测结果/$(mg \cdot L^{-1})$	排放标准/$(mg \cdot L^{-1})$
Mn^{2+}	1 500 ~ 2 500	2
Cr^{6+}	150 ~ 350	0.5
Ca^{2+}	30 ~ 50	无
Mg^{2+}	2 500 ~ 3 000	无

4.1.2 电解锰企业现有废水处理技术

目前,现有的电解锰企业使用的废水处理方法有絮凝沉淀法、中和沉淀法、铁屑微电解法以及吸附法等。经过调查发现,目前大多数电解锰企业主要采用的还是简单的化学沉淀法处理废水,如图4.1所示。

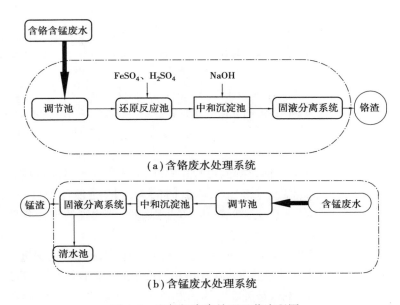

(a)含铬废水处理系统

(b)含锰废水处理系统

图4.1 电解锰废水处理工艺流程图

化学沉淀法处理废水的第1、2步在含铬废水处理系统中进行,处理后压滤渣为危险固废,运往专用储存设施集中存放处理。

第1步:还原。在还原池中加入硫酸亚铁等还原剂,使 Cr(Ⅵ)在酸性条件下被还原为 Cr^{3+},反应式为:

$$Cr_2O_7^{2-} + 6Fe^{2+} + 14H^+ \longrightarrow 2Cr^{3+} + 6Fe^{3+} + 7H_2O \tag{4.1}$$

第2步:中和沉淀除去 Fe^{3+} 与 Cr^{3+}。向中和沉淀池中加入沉淀剂如氢氧化钠,调节废水的 pH 值至 8 ~ 9,使废水中的 Fe^{3+} 与 Cr^{3+} 转化为氢氧化物沉淀除去,反应式为:

$$Fe^{3+} + 3OH^- \longrightarrow Fe(OH)_3 \downarrow \tag{4.2}$$

$$Cr^{3+} + 3OH^- \longrightarrow Cr(OH)_3 \downarrow \tag{4.3}$$

经以上两步处理后的废水中仍含有高浓度的 Mn^{2+} 和 NH_3—N。所以,需去往含锰废水处

71

理系统做进一步处理。

第 3 步:中和沉淀 Mn^{2+}。调节 pH 值至 10 以上,搅拌充分反应后静置沉淀,使废水中的 Mn^{2+} 转化为 $Mn(OH)_2$ 或者 $MnO(OH)_2$ 沉淀除去,反应式为:

$$Mn^{2+} + 2OH^- \longrightarrow Mn(OH)_2\downarrow \qquad (4.4)$$

$$2Mn(OH)_2 + O_2 \longrightarrow MnO(OH)_2\downarrow \qquad (4.5)$$

经以上处理,出水 pH 值一般在 11 左右,而污水综合排放标准要求废水排放的 pH 值为 6 ~ 9,所以处理后的废水在排放之前还需要加酸反调 pH 值至要求范围。

4.1.3　氨氮废水处理技术

电解锰行业是氨氮资源需求量极大的行业,对氨氮的使用量在我国所有行业中排第 3 位,大多数的电解锰企业的生产废水中氨氮含量在 2 000 ppm 以上。在新的节能减排要求下,电解锰行业的氨氮废水的污染控制是当前企业面临的严峻的环保难题。在电解锰废水中,氨氮是一种主要的污染成分,因此研究氨氮废水的处理方法对于电解锰废水处理工艺的研究具有非常重要的意义。

(1)吹脱气提法

氨氮在的存在形式有 NH_4^+ 和 NH_3,有平衡关系如式(4.6)所示,且平衡关系受 pH 值的影响。

$$NH_4^+ + OH^- \longrightarrow NH_3 + H_2O \qquad (4.6)$$

吹脱法的基本原理是通过调节废水的 pH 值至碱性(一般是 pH 值为 11 以上),利用空气或蒸汽通过气液接触将废水中的氨氮吹脱至大气或蒸汽之中,从而降低废水中氨氮的浓度的过程。

刘文龙等采用吹脱法处理生产催化剂的过程中产生的氨氮废水,经过试验得到吹脱的较佳条件:当废水 pH 值为 11.5,温度为 80 ℃,吹脱时间为 2 h,在最佳条件下氨氮去除率为 99.2%。郑林树等利用吹脱法处理含氨氮的废水,经过试验得到吹脱的较佳条件:pH 值为 11,温度 70 ℃,气液比 7 000,吹脱时间 2 h。在此条件下氨氮去除率为 97% 以上,废水中氨氮浓度从 10 000 mg/L 降低到了 570 mg/L 以下,在此基础上使用常规的生化法进一步处理的话,可极大地减轻生物脱氮的效率和能耗。王伟等研究了使用空气吹脱法处理高浓度氨氮废水,确定了各影响因素的大小顺序,发现废水的 pH 值和气液比对氨氮的脱除有较大的影响。在焦化厂以焦炉煤气作为解吸介质,确定了最佳的实验条件,并为煤气吹脱解吸回收氨工艺的应用提出了建议。

由于氨气极易溶于水,工艺流程简单,处理效果好,所以吹脱法常常用于高浓度氨氮废水的预处理。其优点在于设备简单,反应稳定,操作简单,容易控制,但是过程中需要加入大量碱,出水 pH 值较高,而且将氨氮由液相转移至气相,如果没有相应的回收装置的话会造成对大气的二次污染。因此需要寻找更合适的氨氮去除方法。

(2)生物法

生物法在氨氮废水处理领域的应用非常广泛,主要是利用微生物的作用,经过同化、氨化、硝化、反硝化等过程来实现硝化和反硝化反应,从而将 NH_3—N 转化成氮气降低污染。

①传统生物硝化反硝化技术:通过亚硝酸盐细菌和硝酸盐细菌的作用,在氧气存在的条件下将氨氮氧化成 NO_2^- 和 NO_3^- 的过程,如式(4.7)、式(4.8)所示。硝化细菌属于自养细菌需要

不断提供碳源,否则硝化过程无法进行;反硝化过程也需要有机物作为碳源,参与反硝化过程,如式(4.9)、式(4.10)所示。

$$2NH_4^+ + 3O_2 \xrightarrow{\text{亚硝化细菌}} 2NO_3^- + 2H_2O + 4H^+ \tag{4.7}$$

$$2NO_2^- + O_2 \xrightarrow{\text{硝化细菌}} 2NO_3^- \tag{4.8}$$

通过反硝化细菌的作用,在缺氧的条件下,将 NO_2^- 和 NO_3^- 还原成 N_2。

$$6NO_3^- + 2CH_3OH \xrightarrow{\text{反硝化菌}} 6NO_2^- + 2CO_2 + 4H_2O \tag{4.9}$$

$$6NO_2^- + 3CH_3OH \xrightarrow{\text{反硝化菌}} 3N_2 + 3CO_2 + 3H_2O + 6OH^- \tag{4.10}$$

该方法的优点是反应进行的速度快而且反应彻底,缺点是占地面积大。而且必须补充一定量的有机物作为碳源,增加了运行费用,系统需要投入过量的碱。

②同步硝化反硝化技术:在一个反应器中有氧环境与缺氧环境共存,使硝化和反硝化同时进行的过程。同时硝化反硝化与传统的生物法相比具有很大的优势,降低氧气供给节省能耗,可以减少碳源,节省药剂,减少了反应设备的数量和尺寸。

③短程硝化反硝化技术:在同一个反应器中实现硝化和反硝化过程,首先在氧气存在的条件下利用亚硝酸盐细菌将 NH_4^+ 氧化成 NO_2^-,再在缺氧的条件下直接将 NO_2^- 反硝化为 N_2 的过程。短程硝化反硝化的优点是能耗低,去除率高,所需碳、碱量少。目前主要的技术难点是如何有效抑制硝化菌的活性,使 NO_2^- 得到足够的积累。

④厌氧氨氧化技术:在缺氧的条件下直接以 NO_2^- 作为电子接受体,以 NH_4^+ 为电子供体,将废水中的 NH_4^+ 转化成 N_2 的过程,厌氧氨氧化过程有多种途径:

a. NH_2OH 和 NO_2^- 反应生成 N_2O,N_2O 再转化为氮气。

b.铵根和羟氨反应生成 N_2H_4,N_2H_4 被进一步转化成 N_2,同时生成 4 个还原性 $[H]$,$[H]$ 被传递到亚硝酸还原系统再形成 NH_2OH。

c.亚硝酸盐被一步一步还原成 N_2,同时氨氮被氧化为,羟氨最后被转化为 N_2。

Delft 技术大学的研究人员做了跟踪氮元素的实验,得到厌氧氨氧化反应式:

$$NH_4^+ + NO_2^- \longrightarrow N_2 \uparrow + 2H_2O \tag{4.11}$$

厌氧氨氧化技术的优点是无须投加有机物作为碳源,污泥量少,经济有效。但是厌氧氨氧化的缺点是反应的速度很慢,反应器占地面积大。

（3）离子交换法

离子交换法的去除氨氮,主要是使用无机离子交换剂,通过物理吸附、化学吸附、离子交换 3 个过程来实现氨氮的去除的。常用离子交换剂为沸石、活性炭、合成树脂等,其中人们常用沸石作为氨氮的去除剂,它是一种对 NH_4^+ 有强选择性的硅铝酸盐。

Rozic 等利用黏土类矿物去除废水中的氨氮,研究表明天然沸石对氨氮的去除能力与氨氮的初始浓度有关。蒋建国等研究用沸石吸附法去除垃圾渗滤液中的氨氮,研究发现沸石的吸附能力为 15.5 mg/g,而且进水氨氮的浓度会很大影响吸附速率。沸石对氨氮的选择性很强,去除效果好,但是由于沸石的吸附能力有限,对于高浓度的氨氮废水的处理时,经过多次频繁的再生造成操作的不便,再生的溶液氨氮浓度仍然很高,无法达到排放的标准和要求。而且由于再生次数频繁会造成沸石的吸附容量逐渐下降,以及改性过程会产生酸性或者碱性的废水也需要进一步处理。

（4）折点氯化法

折点氯化法的原理是将 Cl_2 或 $NaClO$ 投入到氨氮废水中，利用生成的 $HClO$ 将废水中的 NH_4^+ 氧化生成 N_2 去除的过程，其反应方程式如式（4.12）所示。

$$NH_4^+ + 1.5HOCl \longrightarrow 5N_2 + 1.5H_2O + 2.5H^+ + 1.5Cl^- \tag{4.12}$$

中国科学院山西煤化所使用漂白粉（含有 25% $CaClO$）处理焦化废水，处理后废水中氨氮的浓度低至 15 mg/L 以下，处理费用降低，但是至今还没有见工业化的报道。宋卫峰等针对含钴氨氮废水含盐量高，难以生化处理的特点，采用折点氯化法处理，其处理效果是出水氨氮浓度达到了国家标准二级污水排放的要求。折点氯化法的处理所需要的含氯量与氨氮的质量比为 7.6:1，反应的最佳 pH 值为 6～7，氨氮去除率高，处理效果稳定。缺点是需要的氯量比较大，成本很高，而且由于待处理的废水的成分往往比较复杂，可能含有芳香类、烃类化合物或者腐殖质等大分子有机物，加入氯化物的话可能会生成副产物氯胺和氯代有机物的生成，造成二次污染。

（5）化学沉淀法

化学沉淀法，即磷酸铵镁沉淀法处理氨氮的基本原理是通过向废水中投加含有 Mg^{2+} 和 PO_4^{3-} 的药剂，使其与废水中的 NH_4^+ 反应生成磷酸铵镁，它是一种难溶于水的复盐，从而降低废水中氨氮的浓度。磷酸铵镁可以用作饲料或肥料的添加剂，也可以应用在医药、涂料、氨基甲酯方面。

$$Mg^{2+} + NH_4^+ + PO_4^{3-} + 12H_2O \longrightarrow MgNH_4PO_4 \cdot 12H_2O \tag{4.13}$$

KenichiEbata 等在炼焦废水中添加 $MgCl_2$ 和 $NaHPO_4$，将 pH 值调到 9，处理后氨氮浓度从 1 100 mg/L 降低到 100 mg/L。后来 Hiroshion 等人使用这种方法处理含氟的氨氮废水，可以将氨氮浓度从 253 mg/L 降低当 10 mg/L 以下。目前，越来越多的研究开始应用 MAP 化学沉淀法处理废水中的 NH_4^+。

陈连龙等分别采用 $MgCl_2 \cdot 6H_2O + Na_2HPO_4 \cdot 12H_2O$、$MgO + H_3PO_4$ 两种组合沉淀剂去除煤气废水中的氨氮。试验结果表明，沉淀组合前者明显优于后者。当 pH 值为 9.5，投药摩尔比 $(Mg^{2+}):(NH_4^+):(PO_4^{3-})$ 为 1.2:1:1，处理后煤气废水中氨氮的去除率为 87.4%，生成的沉淀可以作为复合肥料。

谢炜平用 $Mg(OH)_2 + H_3PO_4$ 组合沉淀剂去除某屠宰场污水中的氨氮，实验结果得到了有用的复合肥 $MgNH_4PO_4$，工艺与设备简单，处理成本低。赵庆良等研究香港新界西垃圾渗滤液中的氨氮时，发现在 pH = 8.6 时投加 $MgCl_2 \cdot 6H_2O$ 和 $NaHPO_4 \cdot 12H_2O$，将氨氮由 5 618 mg/L 降至 65 mg/L；在同样条件下投加 MgO 与 H_3PO_4，将氨氮由 5 404 mg/L 降低到 1 688 mg/L，证明 $MgCl_2 \cdot 6H_2O$ 和 $NaHPO_4 \cdot 12H_2O$ 处理效果更好。

李晓萍等用化学沉淀法处理化肥厂废水，发现废水的 pH 值对沉淀过程以及沉淀的生成具有较大的影响，pH = 9.0 时氨氮去除率最高。郭立萍等通过实验研究也得到了废水沉淀 pH 值为 9.0 时最佳的结论。

汤琪等探讨了各影响因素对 MAP 同时脱氮除磷的效果的影响，并对各因素的影响机理进行了探讨，优化出了废水处理的最佳 pH 值为 9.5，最佳摩尔配比为 $(Mg^{2+}):(NH_4^+):(PO_4^{3-})$ 为 1.2:1.03:1.0。刘小澜等采用磷酸铵镁沉淀法处理焦化废水，采用了 $MgCl_2 \cdot 6H_2O$ 和 $Na_2HPO_4 \cdot 12H_2O$ 或 $MgHPO_4 \cdot 3H_2O$ 作为沉淀剂。实验结果表明：在 pH 值为 8.5～9.5 的条件下，摩尔比 $(Mg^{2+}):(NH_4^+):(PO_4^{3-})$ 为 1.4:1:0.8 时，氨氮的去除率达 99% 以上，出水氨氮的质量浓度由 2 000 mg/L 降低至 15 mg/L。李海波等对化学沉淀法进行了改进研究,考察了 Mg^{2+} 以外的二价金属离子(Ni^{2+}、Mn^{2+}、Zn^{2+}、Cu^{2+}、Fe^{2+})对氨氮的去除效果。实验发现 Cu^{2+}、Fe^{2+}、Zn^{2+} 对氨氮的去除效率低,Mn^{2+} 和 Ni^{2+} 对氨氮去除效率较高,尤其是 Ni^{2+} 对氨氮的去除率可达到 95% 以上,与 Mg^{2+} 相似。张涛等综述了采用磷酸铵镁沉淀法处理氨氮的原理和影响因素,以及沉淀产物的重复利用等方面的研究进展。

化学沉淀法处理氨氮废水,工艺过程简单,处理效率高,易于操作,生成的磷酸铵镁中含有 N、P 营养元素,可以作为一种复合肥料,具有一定的开发前景。但是目前尚处于实验室研究阶段,如果要广泛应用于实际废水处理,需要解决下面两个问题:

①寻找价格低廉高效的沉淀剂。

②开发磷酸铵镁的价值,开发循环利用技术。

(6)电化学法

从 20 世纪 40 年代开始就有人提出使用电解法处理废水。但是由于当时人们对电化学的理论缺乏研究和认识,以及工业技术的落后、电力缺乏等原因,电化学技术的应用一直陷于停滞的状态。20 世纪 80 年代以后,随着工业技术的发展以及环境问题的日益凸显,电化学处理技术引起了研究学者的高度重视。电化学法具有独特的优势:

①反应可以在常温常压下进行,能量效率高。

②可以通过控制电流电压调节反应的条件。

③占地面积小,既可以与其他技术联合使用,也可以单独使用。

④电化学过程产生的自由基能无选择地与污染物发生反应,处理效率高。

电化学氧化法除氨氮,指的是在电场的作用下,使氨氮直接在阳极板上发生氧化反应,或利用阳极板产生氧化性的物质再对废水中的氨氮进行氧化的方法将氨氮转化为氮气的过程。通过阳极产生的氧化剂有 $\cdot OH$、$HO_2\cdot$、O_2、H_2O_2、O_3 以及溶剂化电子 e^- 等。

近年来,人们对各种难生物降解有机污染物的电化学氧化有着单独而广泛的研究。Della Monica 等在用电化学方法去除生活污水与海水的混合废水时,首次发现了在有机物去除的同时,废水中的氨氮也得到了有效的去除。后来电化学方法被广泛应用于制革废水、养殖废水、城镇生活污水、垃圾渗滤液等各种废水中氨氮的去除。

曾次元等研究了电氧化法对废水中氨氮去除的可行性,实验结果表明氯离子存在的条件下,氨氮可以有效去除,且去除速率与初始浓度的大小无关;高氯离子浓度或酸碱度为中性的条件下更有利于氨氮的去除,城市污水处理后出水氨氮浓度从 26.8 mg/L 降低至 6.1 mg/L。Lin 等运用电化学氧化法研究了水产养殖废水中的氨氮,考察了输入电流、pH 值、电导率、初始的氨氮浓度等多种运行参数对氨氮去除的影响。实验结果表明,输入电流和电导率对实验结果的影响较大。Díaz 等采用 BDD 电极对循环水产业中总氨氮的动力学进行了研究,氨氮的去除主要是间接氧化的作用,并符合二级反应动力学。王程远等采用电化学氧化法对模拟高浓度氨氮废水进行了研究,考察了极板间距、Cl^- 浓度、初始 pH 值和电流密度等实验参数,最佳水平分别为 30 mm,7 000 mg/L,9 ~ 11 和 80 mA/cm^2,在最佳条件下电解时间 7 h,氨氮的去除率可达到 87.35%,证明了电化学方法可以作为有效的手段对废水进行预处理。Szpyrkowicz 等研究了电化学氧化法中材料对制革废水的影响,污染物的去除速率与阳极材料有关,在所研究的四种材料中效果较好的是 Ti/Pt-Ir 和 Ti/PdO-Co_3O_4。Panizza 等将电化学法作为对制革废水的一个深度处理,在不同的实验条件下以 Ti/PbO_2 和 Ti/$TiRuO_2$ 为阳极,两种条件下都可以有效处理废水,实验结果表明电化学氧化法作为对制革废水的深度处理是极其有效的。

这些电化学法处理废水的共同点是被处理的废水中本身含有高浓度的氯离子或者在处理过程中添了高浓度的氯离子。此外,这些废水中的氨氮浓度都比较高,对于低浓度的氨氮废水以及不含有氯离子的废水的电化学处理却未见报道。

4.1.4 电锰渣中氨氮分析及处理现状

(1)电解锰渣中氨氮的特点

1)锰渣中氨氮来源及存在状态

电解锰渣产生于压滤车间,成分复杂,含水率高(25%~28%)、颗粒细小(40~250 μm)。陈红亮等曾对其成分进行分析,得知锰渣的主要成分为 SiO_2、FeS_2、$(NH_4)_2SO_4$、$MnSO_4 \cdot H_2O$、$CaSO_4$、$NaAlSi_3O_8$、$(NH_4)_2Mn(SO_4)_2 \cdot 6H_2O$、$(NH_4)Fe(SO_4)_2 \cdot 6H_2O$ 等。

通过分析电解锰生产流程可知,锰渣中氨氮的污染来源是制液车间中和阶段加入的氨水。在制液阶段,通过空气氧化法使存在于锰矿中的铁离子水解形成沉淀。此时,通过添加氨水调控溶液 pH 值为 6.5~7.0。在此条件下不仅有利于铁离子的沉淀,也能同时防止了锰离子的水解沉淀。而氨水以铵根离子流失到锰渣中,存在于锰渣中的 SO_4^{2-}、Mn^{2+} 等在锰渣中形成可溶性 $(NH_4)_2SO_4$ 以及溶解度较低的复盐 $(NH_4)_2Mn(SO_4)_2 \cdot 6H_2O$。而存在于锰渣中不可溶解的氨氮复盐无疑为氨氮的处理增加了难度。

2)锰渣中氨氮的污染现状及污染危害

锰渣在长期露天堆放过程中,可溶性的硫酸铵、较高浓度的重金属离子及溶解度较低的复盐都会向周围环境中不断地迁移和转化。随自然界降水淋浸逐渐溶出,形成含锰离子、氨氮等物质的渗滤液。Ning Duan 等分析了整个电解锰生产过程中氨的物料平衡。每生产 1 t 电解锰添加液态 82.78 kg 氨,最终有 36.5 kg 存在于锰渣中,相当于 44.09% 的氨损失在锰渣中。陈红亮等对取自重庆某电解锰厂的新鲜渣浸出液成分进行了分析,新鲜锰渣中 NH_4^+—N 的含量为 0.553%,浓度约为 553.6 mg/L,达到了 GB 8978—1996 二级标准规定的 25 mg/L 的 22 倍,浓度大大超标,如表 4.2 所示。而每年产生近千万吨的锰渣,这给企业周围临近区域带来了不利影响。

表 4.2　新鲜电解锰渣化学成分浸出情况

化学成分	Mn	Ca	Mg	Na	K	Zn	Cu	NH_4^+—N
质量分数/%	1.552	0.386	0.105	0.091 3	0.065	0.000 88	0.000 225	0.553

锰渣渗滤液随着雨水的冲洗流入附近水体,导致水体中氨氮过量,形成水体富营养化,藻类大量繁殖,大量消耗水中溶解氧,造成水质恶化,影响水体生态平衡,甚至在污染严重时会促使水体沼泽化。同时,作为毒性很强的游离氨通过鳃、皮肤进入鱼体,分子氨在血液中的浓度较高时,鱼血液中的 pH 值相应升高,从而影响鱼体内多种酶的活性。当氨氮浓度越高,会导致鱼体不正常反应,影响生长。

此外,水中的氨氮在氧的作用下可以生成亚硝酸盐,并进一步形成硝酸盐。水中的亚硝酸盐将和人体中蛋白质结合形成亚硝胺,这是一种强致癌物质,对于长期饮用含有亚硝酸盐的水的居民来说,他们的身体健康受到了严重的影响。

（2）锰渣中氨氮污染的处理方式

1）氮减量化管控

由于我国电解锰企业的设备落后、管理粗放等原因，出现了计量不精确、控制不严格等实际问题，导致氨水的实际添加量超过理论值，不仅造成资源浪费，而且也引发了锰渣中残留氨氮含量高的问题。彭晓成等提出氨氮减量化的观念。通过改革生产工艺来达到严格控制工艺参数，实现对溶液 pH 值和 Fe^{3+} 等部分重金属离子的实时在线监控，据此反馈来调控氨水的加入量。此方法能对今后减少渣中的氨氮污染提供新的思路。

2）氨水的替代

汪启年等提出了源头控制的理念，希望能找到新型的清洁材料来取代氨，使之在电解锰生产中发挥与氨水同样的效果。陶长元等引入了离子液体新概念，通过综述离子液体的发展、影响离子液体电沉积的因素等，指出离子液体具有优良的导电性，且无副反应，得到的金属质量更好；因此期望将离子液体作为电解锰生产过程中的电解质，而无须加入氨水和硫酸铵。源头控制与电解过程无铵化理念确实是从根本上解决电解锰氨氮污染的问题。目前虽然还没有良好的氨替代材料，且离子液体的使用也只是处于实验阶段，但此方法无疑对无铵电解锰提供了很大的前景。

3）回收利用氨氮

硫酸铵是一种优良的氮肥，若能对存在于渣里的硫酸铵加以合理的回收利用，不仅会产生良好的社会效益和环境效益，同时还会给企业带来良好的经济效益。有部分学者对其进行了探索性研究。

硫酸铵具有良好的水溶性，因此一些学者首先提出将渣进行清洗得到含有硫酸铵的溶液。徐莹等以自来水作为洗涤剂，探究了洗涤时间和洗涤比例（自来水与尾渣的质量比）对硫酸铵和锰洗出率的影响；结果表明洗涤时间不是影响洗涤效果的主要因素，当控制洗涤比例在 4∶3 之间时硫酸铵洗出率可达 91.9%，锰离子洗出率达 91%。孟小燕等采用蒸馏水和阳极液作提取剂，从锰渣中二次提取锰和氨氮。实验结果表明蒸馏水对氨氮的提取效果要优于阳极液，超声波对其提取率几乎没有影响；实验的最佳条件是在液固比为 10∶1、温度为 50 ℃下反应 50 min，最终氨氮的提取率达 66.12%。虽然水浸法简单易操作，但耗水量大、回收液体积大，反应条件苛刻。同时洗渣后产生的混合液中有较多杂质，难以直接回用，造成大量水资源的消耗。

由此，为了克服这些问题，李明艳等提出了清水洗渣—铝盐沉淀法。研究表明，$n(NH_4)_2SO_4 : nAl_2(SO_4)_3 = 1 : 1$，溶液 pH 值为 2.5，反应温度 95 ℃，反应时间 2 h 的条件下，氨氮回收率可高达 95.2% 以上。同时，沉淀物硫酸铝铵经热分解可得到硫酸铵和硫酸铝，实现电解锰废渣中氨氮的回收和硫酸铝的循环使用。但也注意到实验中所使用的处理剂价格较高，实验条件较苛刻，离工业化应用还有一段距离。周长波等通过向新鲜锰渣中加入碱性药剂与发泡剂改变环境的 pH 值和湿度，使锰渣中的氨氮以氨气释放后再用水或硫酸吸收，转化为氨水或者硫酸铵。相对其他方法，该发明克服了耗水量大、工艺复杂的缺点，实现了电解锰渣中氨氮的提取与利用，但是很容易造成二次污染。齐牧等利用电解锰渣中的氨氮来代替部分氨水来中和除铁，该方法的特殊之处是在化合浸出工序中加入了锰渣，从而使锰渣中的氨氮得以循环利用；该方法实现了锰渣中氨氮的回收利用，减少了氨水的消耗，降低了产品成本，但同时也会将存在于锰渣中的重金属离子重新引入生产过程中。

当然,也有学者将氨氮与锰渣作为一个整体来加以处理,从而实现锰渣的资源化利用。如制备成水泥、陶瓷砖、复合胶凝材料等。近期,高武斌等提出了电解锰渣复合 Fe—Mn—Cu—Co 系红外辐射材料的制备方法。堆存的大量锰渣对环境造成的危害不容忽视,对其的综合利用是一种必然趋势。

4)氨氮的去除

锰渣中的氨氮在高温或者碱性条件下极易形成氮气排放到空气中,对周边环境造成一定危害。因此,找到去除氨氮的方法对锰渣无害化处理具有很大的价值。王积伟等提出采用生石灰作处理剂。在避免雨淋、不通风、无日照的条件下,处理剂与锰渣反应时间 30 h 后,锰渣浸出液中锰离子和氨氮的减排量分别达到 99% 和 97% 以上。吴敏等提出了胶结固化的实验思路,采用氧化钙与磷酸钠固化电解锰渣中的氨氮、锰及其他杂质,氨氮去除率达到 97% 以上,锰固化率达到 99.7% 以上;锰渣浸出液中氨氮浓度降低的原因是在胶结固化过程中,渣中以硫酸铵形态存在的 NH_4^+ 转化为游离氨,以氨气形式释放到空气中,而以硫酸锰铵等复盐形态存在的 NH_4^+ 与 Na_3PO_4 反应生成磷酸锰铵等复盐,从而使锰渣中重金属离子和氨氮不再向环境迁移,实现了电解锰渣的无害化处理;同时,该实验还具备处理成本低、易操作的优点,但是对固化后的固体物质的处理也是值得考虑的问题。

(3)小结

目前,电解锰渣中氨氮的处理仍处于研究阶段。直接利用锰渣中的氨氮作为肥料使用,可消纳大量的锰渣,但锰渣肥用量大,土地易板结,已不适合用于农业。通过洗渣回收电解锰渣中可溶性硫酸铵时,电解锰生产过程中洗渣易破坏系统水平衡,且易造成二次污染。胶结固化锰渣不能有效利用电解锰渣中的氨氮。现有的处理技术可有效去除或回收电解锰渣中大部分的可溶性氨氮,但对溶解度较低的氨氮复盐无显著效果。氨氮复盐在堆存过程中,随自然界降水淋浸逐渐溶出,造成环境污染。因此,转变电解锰渣中溶解度较低的氨氮复盐的矿相,并对其进行无害化处理,是处理电解锰渣中氨氮的重点和难点。

4.2　电解锰渣无害化处理与资源化利用

历年来,我国对锰渣都是采用堆积的方法处理。据统计,由于高品位锰矿的耗竭,每生产 1 t 电解锰所排放的渣量为 9 ~11 t。我国电解锰的产量和渣量总和在近几年的变化如图 4.2 所示。而氨氮是存在于锰渣中的一种主要污染物,我国"十二五"期间已将氨氮总量纳入控制指标,电解锰行业氨氮污染必须采取相应措施进行控制。近年来国内外对锰渣中氨氮的处理有了一些研究。本书结合国内外相关文献及本课题组的研究,主要对锰渣中氨氮的特点和目前锰渣中氨氮处理的研究现状进行了总结并对其未来发展进行了展望。

4.2.1　电解锰渣无害化处理

(1)国外的处理方法

国外电解锰企业由于采用高品位氧化锰矿为原料,杂质成分较少,产生的电解锰渣量也较少。早期日本和美国对电解锰渣的处置是把电解锰渣与消石灰混合填埋于渣场,之后美国和日本等国家从节约能源和保护环境的角度,靠市场和行政手段逐渐关闭了电解锰生产企业。

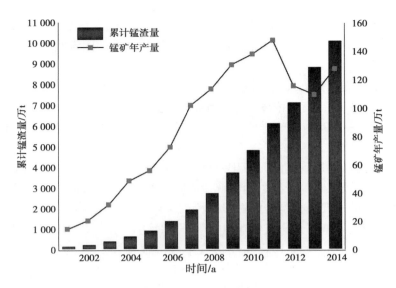

图 4.2 电解锰年产量和累计锰渣量

截至目前,全世界只有中国和南非还在生产电解锰。因此,对电解锰渣及渗滤液处置技术的研究也仅限于中国和南非这两个国家。

南非是世界五大矿产国之一,锰矿资源占全球总储量的 70%,居世界第一。其中,高品位的锰矿储量占世界储量的 82%。MMC 公司是南非电解锰行业中唯一在产的企业,其年生产能力 5 万 t,实际年生产量为 4.5 万~4.7 万 t。MMC 公司主要生产 99.9% 高纯度的金属锰,产品质量已经通过了 ISO 9001 和 ISO 2000 认证。MMC 公司为达到南非的环保要求,对渣库底做了四层防渗处理,渣库周围还建有渗透液回收装置,80%~90% 渗透液能够回收,严防污染地下水。MMC 公司每吨电解锰的污染治理费用高达 129 美元,每年花费在渣库的费用就达1 100 万美元。因此,南非的处理处置方法并不适合我国国情,对于我国的锰渣处理技术发展的借鉴意义不大。

(2)国内处理方法

目前国内无害化处理电解锰渣方法主要采用稳定/固化方法。稳定化是指将有毒有害污染物转变为低溶解性、低迁移性及低毒性物质的过程,可分为物理稳定化和化学稳定化。物理稳定化是指将固体废物与一种疏松物料(如粉煤灰)混合生成一种具有坚实度的固体,这种固体可以用运输机械送至处置场。化学稳定化是指通过化学反应使有毒物质变成不溶性化合物,使之在稳定的晶格内固定不动。总之,稳定/固化技术并没有减少污染物的种类和总量,实际上是一种暂时稳定的过程,属于污染物浓度控制技术,而不是污染物总量控制技术,是为了尽可能减少污染物的浸出率,将废物中污染物质浓度控制在环境容量的允许范围之内,使其在堆存或者填埋过程中不再造成环境危害。但是在环境条件改变的情况下,污染物可能会再次浸出。因此,应该对稳定/固化后的废弃物进行长期的环境风险评价,进行严格的检验。为了有更好的处理效果,通常稳定化和固化技术联合使用。就是说,在固化之前通常都需要进行污染物的稳定化处理。

方选进等研究了水泥对电解锰渣中重金属的固定效果,发现水泥掺量为 15%~45% 时,固化体中锰离子浸出浓度低于国家标准(2 mg/L)。当水泥添加量为 45% 时,pH 值大于 3 的酸雨中的早期表面浸出率数量级仅为 $10~5$ g/(cm^2·d),后期检测不到。水泥掺量为 25%~

45%的破碎固化体在 pH 值 1.0 的酸性环境中的锰离子浸出浓度均不超标。检测显示锰离子被水泥的水化产物包容或吸附。然而,水泥对电解锰渣中氨氮的固定效果较差,且固定后电解锰渣的力学稳定性不够稳定。

王积伟等选取生石灰做处理剂,处理后的锰渣浸出液中锰离子和氨氮的减排量分别达到99%和97%以上,水溶性锰离子浓度低于 5 mg/L、氨氮浓度低于 25 mg/L,均达到《污水综合排放标准》(GB 8978—1996) 中的排放标准;反应时间 30 h 以上、避免雨淋、不通风、无日照为最佳反应条件。

玻璃固定技术也被利用到废渣无害化处置中。高温煅烧废渣与玻璃质物质的混合物,可以形成玻璃状固体。钱觉时等研究了用电解锰渣制备玻璃陶器,探索了加热温度、加热程序的影响,发现玻璃陶器的主要晶相是透辉石和钙长石,结晶活化能为 429 kJ/mol。段宁等考察了 CaO、MgO 和 $Ca_{10}(PO_4)_6(OH)_2$ 及其与 $NaHCO_3$ 和 Na_3PO_4 的组合对电解锰废渣中的可溶性锰的稳定化效果。结果表明:投加 10% MgO 锰渣中可溶性锰固定率达到 100%,9% CaO + 5% $NaHCO_3$ 和 9% CaO + 5% Na_3PO_4 的组合实现可溶性锰固定率 95% 以上。钟宏等利用硫化钙焙砂能有效地固定锰渣中的重金属,固化体浸出液中的重金属浓度明显降低。当硫化钙焙砂用量为电解锰渣质量的 15% ,固化反应时间为 3.0 h 时,固化后电解锰渣的浸出毒性符合相关国家标准。

目前国内电解锰渣无害化处理技术以及处置技术之间相互独立,没有实现处理技术与处置技术联合,二者之间的联系十分欠缺,导致了电解锰渣研究成果丰富,而产业化应用的报道几乎为零。另一方面,需要政府和市场引导,促使某个或多个企业开展电解锰渣无害化处理技术,加快电解锰渣无害化处理的产学研一体化脚步。另外,国内无害化处理的重点是如何稳定/固定化电解锰渣中重金属,对电解锰渣中氨氮控制以及去除研究较少。因此,无害化处理电解锰渣这一领域的研究与应用仍有很大的空间,有待投入更多的人力、物力去探索。

4.2.2　电解锰渣资源化利用

早在 12 世纪,中国南宋时期的著名学者朱熹就提出"天无弃物"的观点。近二三十年来,环境问题日益尖锐,资源日益短缺,处置固体废物并把它转化为可供人类利用的资源也越来越引起人们的重视。

(1)电解锰渣中锰的回收

1)电解锰渣分选技术

分选技术的原理是利用物料某些性质方面的差异将其分开。早期的电解锰企业的锰浸出率较低,导致电解锰渣中含有较高的未浸出的锰矿石,利用锰矿物与其他矿物的比磁化系数差别,利用强磁选的方法对电解锰渣进行二次分选。刘胜利等预先磨矿,后强磁粗选,再强磁扫选的方案,从电解锰渣中获得精矿含锰 29.61% ,产率为 19.18% ,回收率为 60.81% ,锰精矿再次成为电解锰的合格原料。左宗利等采用 Shp 机对含锰 8.74% 的电解锰渣进行了选别试验,并进行了连续运转工业试验,获得了含锰 26.49% 的精矿,其产率为 16.23% ,锰回收率为49.72%。

2)水洗方法

由于电解压滤设备不能彻底实现固液分离,电解锰渣中含水率为 25% ~ 28% ,电解锰渣中残留了约 30% 的浸出液,其中水溶性锰在 30 ~ 35 g/L,导致了电解锰渣中硫酸锰和硫酸铵的残留占渣干重的 2.5% ~3.5%(以锰和氨氮计),锰资源损失达 9% ~13%。杜兵等研究了利用二氧化碳和氨水回收锰渣中可溶性锰的工艺,试验结果表明:当 n(氨水)$:n$(可溶性锰)为 2.5:1、二氧化碳曝气流速为 50 L /h、曝气时间为 5 min、振荡时间为 60 min 时,可溶性锰回收率达 75% 以上;对沉淀物进行 XRD 分析,碳酸锰纯度接近 100%。

采用清水、蒸馏水与铵盐、二氧化碳相结合的方法回收滤液中锰,锰的回收率较高,但该方法用水量较大,且只能针对电解锰渣中游离形态的锰。

3)酸浸电解锰渣中锰

电解锰渣在长期堆放过程中,部分锰被空气或微生物氧化成锰的氧化物,这部分锰不易被水浸出,研究者通过酸浸、超声、辅助剂等方式可以提高电解锰渣中锰的浸出率。

李志平等在电解锰渣中掺入锰粉,探讨电解锰渣中锰的硫酸法浸取回收效果。研究了矿渣比、液固比、浸取 pH 值、浸取温度和浸取时间等因素对锰浸取率的影响。结果表明,最优浸取条件为:矿渣质量比 3:1、液固比 3:1(g/mL)、浸取液 pH 值为 2.0、温度 60 ℃、浸取时间 3 h,电解锰渣中锰的浸出率达 42.38%。欧阳玉祝等用黄原酸钾、8-羟基喹啉等 5 种物质作浸取助剂,研究了超声辅助浸取锰渣中锰的工艺条件,研究表明,采用 1% 柠檬酸作浸取助剂,在固液比 1:4、酸矿比为 0.3:1、温度为 70 ℃,超声浸取 15 min,电解锰渣中锰的浸出率可达 57.28%。李辉等使用硫酸、盐酸为浸取剂(体积比 4:0.3),配合超声波浸出浸取锰渣中的锰,最佳浸取条件为:当温度为 333 K,颗粒粒径为 0.2 mm,溶剂与电解锰渣之比为 4 mL/g,浸出时间 35 min,柠檬酸用量为 8 mg/g 时,电解锰渣中锰的浸出率达到 90%。陈红冲等采用硫酸回浸法回收电解锰渣中锰。研究表明,当固液比 1:3、硫酸浓度 20%、酸浸温度为 90 ℃、酸浸时间 3 h,电解锰渣中锰的最高浸出率可达到 96%;同时经两步除杂法后,可得到纯度为 91% 的硫酸锰产品。

综合酸法、超声、辅助剂等条件作用下电解锰渣中锰浸出的特点,发现锰的浸出效果较好,但操作条件苛刻,过程复杂,且回收成本较高。

4)生物浸出

段宁等采用硫氧化细菌和铁氧化细菌处理电解锰渣。结果表明,锰渣中锰的浸出率仅取决于非接触性机制;硫氧化细菌能够诱导可溶性 Mn^{2+} 的溶解,锰的浸出率可达 91.9%,铁氧化细菌对不可溶的高价锰的浸出率仅有 5.8%;硫氧化细菌和铁氧化细菌联合使用确保了锰的最大化浸出。Xin 等采用硫氧化菌和黄铁矿浸出菌处理电解锰渣。结果表明,采用硫氧化处理电解锰渣 9 d 后,锰的浸出率能够达到 93%,而采用黄铁矿浸出电解锰渣,锰的浸出率仅能达到 81%,两种细菌联合作用下锰的浸出率为 98.1%。这是因为在硫氧化菌作用下,能够产生大量硫酸,而在黄铁矿浸出菌作用下,产生的弱酸与 Fe^{2+} 还原浸出电解锰渣中的高价锰,从而两者联合作用提高了锰渣中锰的浸出率。陈敏采用优化的 BCR(European Community Bureau of Reference)连续萃取方法对生物浸出前后锰的形态进行了分析。考察了 3 种萃取剂 EDTA、HNO_3 和 $CaCl_2$ 对锰的萃取效果,对比发现 *Serratia* sp. A1 菌对锰的浸出能力较显著,3 d 后锰浸出率达 79.7%,而 3 种化学萃取剂对锰的萃取效果为 EDTA > HNO_3 > $CaCl_2$,萃取率依次为 54.4%,34.1% 和 23.1%,说明生物浸锰具有广阔的应用前景。

采用微生物浸出电解锰渣中的锰,具有操作简单、成本低,且无二次污染等优点,但微生物处理周期较长,同时需要研究者进一步筛选优势菌种缩短处理周期。

（2）制作水泥或水泥缓凝剂

电解锰渣中含有较高的二水石膏、半水石膏等矿物质。国内研究者主要集中在把电解锰渣作为缓凝剂、矿化剂、胶凝剂、轻骨料以及激发剂等。二水石膏是生产水泥的重要原料，如果能够把大量电解锰渣掺入水泥中，不仅可以节约黏土、煤、石粉等资源的使用，还可以降低生产水泥的成本，提高电解锰渣利用率，实现电解锰渣的资源化利用。

王勇等利用工业固体废弃物电解锰渣作为水泥矿化剂，研究表明，工业废弃物电解锰渣以含石膏和石英为主要成分，在水泥生料中掺入 2% ~ 8% 的电解锰渣，可以降低水泥烧成共熔点温度约 100 ℃，使 C3S 含量增加，电解锰渣具有矿化剂作用。雷杰等以湘潭电化集团"两矿法"生产电解二氧化锰排放的电解锰渣为原料，用于制作烧制高铁硫铝酸盐水泥（FAC）熟料的原材料。研究表明，当煅烧温度 1 200 ℃、保温时间 60 min、电解锰渣掺量 25% 左右，3 d 抗压强度最高可达 49.8 MPa。

尽管国内相关研究人员对电解锰渣用于水泥缓凝剂、胶凝剂以及激发剂的制备进行了大量的研究，但是想要达到国内同类产品的性能，锰渣的掺量就会受到严格的控制。基于成本的限制，企业很难投产使用。

（3）电解锰渣制备建筑材料

电解锰渣中含有大量氧化铁、氧化铝、二氧化硅等矿物质，适合用于制备免烧砖、汽蒸压砖、烧结砖、陶瓷砖等材料。目前，全球生产电解锰的国家只有中国和南非，对电解锰渣制备建材的研究也仅局限于这两个国家。南非锰金属公司（MMC）进行了用电解锰渣生产烧结砖的试验。结果表明，在电解锰渣适当添加比例下，所制标砖（230 mm × 113 mm × 65 mm）达到了相关建材标准。但电解锰渣中可溶性污染物没有得到有效固化，在使用标砖建造的墙面上，出现了黄褐色的污点，影响了建筑物的美观。因此，MMC 公司没有继续深入研究，该技术也没有得到实际应用。

胡春燕等采用较低温度快速烧成工艺，电解锰渣填料最高达 40%，烧成温度为 1 079 ℃，烧成时间为 30 min，制得的陶瓷砖"主晶相"为普通辉石与锰钙辉石，吸水率为 1.86%，主要性能指标符合《陶瓷砖》（GB /T 4100—2006）中的 BIb 类标准。张杰等将除锰、铁后的电解锰渣引入陶瓷墙地砖生产中，电解锰渣含量在 30% ~ 40%，并加入一定量滑石粉，烧结温度控制在 1 100 ~ 1 200 ℃，可制得强度和色泽均合格的陶瓷墙体砖。蒋小花等将电解锰渣、石灰、粉煤灰、水泥混合掺入一定的骨料，压制免烧砖。养护 28 d 后，砖的抗压强度为 10 MPa。另外发现电解锰渣、石灰、粉煤灰、水泥最佳配比为 5:1:3:1，水泥：砂为 1:0.9，液固比为 0.14 时，砖的成型压力为 25 MPa。张金龙等利用湖南湘潭某企业的电解锰渣，与页岩、粉煤灰混合制备烧结砖。发现混合 40% 电解锰渣、50% 页岩以及 10% 的粉煤灰时 1 000 ℃烧结 2 h，形成的砖的抗压强度为 22.6 MPa，砖中重金属的浸出率较低。

电解锰渣中含有大量的活性组分，能够作为混凝土的掺合料来提高混凝土的抗压强度、抗冻性等，因此电解锰渣可用做路基材料。徐风广研究认为电解锰渣代替黏土与 8% ~ 12% 的熟石灰混合可用作路基材料的回填土。其抗水性强，抗冻性较好，膨胀率低。王朝成等研究了粉煤灰、石灰以及磷石膏改性二灰对电解锰渣的稳定效果。粉煤灰、石灰稳定电解锰渣 7 d 后，强度可达到 1.15 MPa，磷石膏对粉煤灰、石灰稳定电解锰渣的早期强度有较大影响。另外证明稳定的电解锰渣作为集料用于路基材料的掺量为 55% ~ 92%。在电解锰渣用作路基填料之前，要考虑固定重金属离子和去除氨氮，避免雨水渗透浸出其中的污染物，进而危害周边土壤和农作物的生长。

电解锰渣制备出性能合格的建筑材料已有多例,综合比较,制备蒸压砖由于锰渣消耗量大、生产工艺简单、成本低、产品用途广且用量大,具有较高的工业化应用前景。

(4)制备肥料

电解锰渣中富含有机质和农作物所需要的大量元素、中量元素以及微量元素,这些元素是目前所有农家肥、市售商品肥所不具备的。电解锰渣中残留的硫酸根离子,则为一般农作物生长所不宜,因此去除电解锰渣中残留硫酸根成为关键所在。

兰家泉等将电解锰渣加工成混配肥用于玉米和小麦的种植,结果表明,施用适量的电解锰渣混配肥可以促进农作物的生长,小麦、水稻和油菜在苗期生长旺盛,与对照组相比植株鲜质量分别增加了 41.19% ~156.19%、7.2% 和 22.2%;同时,施用混配肥后,土壤理化性状得到了改善,有效养分增加,提高农田肥力。蒋明磊等研究发现在电解锰渣、碳酸钙、碳酸钠、氢氧化钠质量比为 1:0.6:0.15:0.1 的条件下,400 ℃ 高温煅烧混合物之后,混合物中有效硅的含量为 6.94%,微波消解处理后有效硅含量增加到 8.08%,枸溶性锰、水溶性锰分别为 5.01% 和 1.51%,达到锰肥的标准。谢金连等研究了电解锰渣对辣椒、小麦、萝卜等农作物的性状、叶绿素和锰质营养素的影响,结果表明,电解锰渣能够促进三种作物的生长,具备作为锰肥的潜质。

综合相关研究,电解锰渣制作的肥料能够促进农作物的生长。但是锰渣肥的不足之处是电解锰渣中沉积的重金属硫化物会腐蚀农作物根系,并且有可能通过食物链危害人体健康。另外,电解锰渣制全价肥虽可以增加一定肥效,但其肥效不如普通氮肥和磷肥迅速和显著,加之其本身为废渣,无法得到农民的认可。

(5)电解锰渣用于处理废水

电解锰渣的主要成分为硅、铁、铝元素,而这 3 种元素的不同形态对废水均具有一定的净化作用,而微量的锰元素对某些特定元素(如砷、铜)具有一定的吸附和絮凝作用,理论上可将电解锰渣制成水处理剂。

周正国等对电解锰渣进行处理,制备出水处理剂,通过测定电解锰渣的孔容分布及比表面积,对电解锰渣用于废水处理的可行性进行了机理分析。结果表明,经 800 ℃ 铵盐焙烧后的电解锰渣样微孔较发育,比表面积、微孔比例和孔容最大;pH 值变化对电解锰渣吸附铜离子的影响比较明显,而反应时间对吸附率影响较小;电解锰渣对铜离子适宜的吸附条件为 pH = 6、锰渣投加量 1.5 g、反应时间 2.5 h,吸附率达 96%;对含铜废水的吸附符合 Freundlich 等温吸附模型。钟宏等采用改性后的电解锰渣吸附阳离子染料亚甲基蓝。结果表明,改性后的电解锰渣能够作为一种低成本的吸附剂处理阳离子染料亚甲基蓝废水。

面对当前电解锰渣大量堆存引发的大量环境问题,电解锰渣处理处置技术问题具有一定的复杂性,尤其是电解锰渣资源化问题,所以,迄今为止,还没有一种技术能真正解决电解锰渣的高附加值资源化问题,虽然一些资源化技术工业化应用前景看好,但是真实意义上的工业化应用实例仍未出现。这一领域的研究与应用仍有很大的空间,有待投入更多的人力、物力去探索。

4.2.3　电解锰渣及渗滤液中锰与氨氮控制方法研究

(1)电解锰渣中锰稳定化与氨氮控制方法研究

陶长元对电解锰渣及渗滤液中氨氮处理进行了大量研究,主要选取重庆秀山某电解锰厂的电解锰渣为研究对象,通过 CO_2 碳化、电化学氧化、磷酸铵镁沉淀、空气氧化以及电动力富集等手段探索了电解锰渣无害化处置和资源回收的新方法,分析了电解锰渣处置过程的矿物学特征变化、化学反应原理以及动力学机制,并提出了电解锰渣无害化处置的新工艺。主要内容和结论如下:

①研究电解锰渣的理化特性发现,渣中主要污染是可溶性 Mn 和 NH_4^+—N,主要以 $MnSO_4 \cdot H_2O$、$(NH_4)_2SO_4$、$(NH_4)_2Mn(SO_4)_2 \cdot 6H_2O$、$(NH_4)_2Mg(SO_4)_2 \cdot 6H_2O$、$CaMn_2O_4$ 等矿物形式存在。Mn 和 NH_4^+—N 的可浸出量分别占渣重的 1.55% 和 0.55%。

②比较了碳酸盐和碱性试剂辅助作用下 CO_2 对电解锰渣中可溶性 Mn 稳定化的效果及作用机制,Na_2CO_3、$NaHCO_3$ 均能够固定可溶性 Mn 形成球状 $MnCO_3$,Na_2CO_3 对 Mn 的固定效果优于 $NaHCO_3$。另外当 Na_2CO_3:渣质量大于 0.4 时,电解锰渣中柱状、条状 $CaSO_4 \cdot 2H_2O$ 转化为 $CaCO_3$;与 NaOH 相比,CaO 更适合作为 CO_2 固定 Mn 的辅助剂。在 CaO 和 CO_2 作用下,电解锰渣的矿物相 $(NH_4)_2Mn(SO_4)_2 \cdot 6H_2O$、$MnSO_4 \cdot H_2O$ 中的 Mn 转化为 $MnCO_3$ 矿物。当 CaO:渣质量为 0.05、CO_2 流量为 0.8 L/min 时,20 min 后 Mn 的固定率为 99.99%。利用化学平衡原理分析了不同 pH 值下 CO_2 固定 Mn^{2+} 的效果,与实验结果吻合。

③采用 $Ti/RuO_2\text{-}TiO_2\text{-}IrO_2\text{-}SnO_2$(DSA)阳极、石墨阴极对 CaO 作用下 CO_2 稳定化 Mn 后的滤液中 NH_4^+—N 进行间接电化学去除。发现增加 Cl^- 浓度或初始 pH 值,NH_4^+—N 去除率和电流效率均增大。增加电流密度有利于提高 NH_4^+—N 的去除率,但是不利于提高电流效率。NH_4^+—N 浓度越低,NH_4^+—N 的去除率越高,但是电流效率下降。Mn^{2+} 对 NH_4^+—N 去除的影响较大。采用电化学法除 NH_4^+—N 之前,应先去除滤液中的 Mn^{2+}。探索了 NH_4^+—N 去除的反应机制和动力学关系;研究了在 CaO 作用下 CO_2 稳定化 Mn 后的电解锰渣浆液中加入镁源、磷源固定 NH_4^+—N。电解锰渣浆液中 NH_4^+—N 与加入的镁源、磷源反应形成磷酸铵镁沉淀。比较了不同镁源、磷源对 NH_4^+—N 固定的效果,发现 $MgCl_2$、Na_3PO_4 作用下 Mg:P:N 摩尔比为 1.5:1.5:1 时,NH_4^+—N 的固定率最大为 89.1%。利用 Visual MINTEQ 软件模拟了电解锰渣浆液中 NH_4^+—N 在平衡状态下化学物质的形态、物质的溶解与平衡以及固体的溶解饱和状态等。磷酸铵镁沉淀法固定电解锰渣浆液中 NH_4^+—N 后,采用电化学法直接去除滤液中剩余的 NH_4^+—N,取得了较好的效果。该研究证实磷酸铵镁固定 + 电化学氧化是一种高效的控制电解锰渣中 NH_4^+—N 的方法。通过小试实验,提出的 CO_2-镁盐、磷酸盐-电氧化工艺处置电解锰渣,可以有效稳定化 Mn 和控制 NH_4^+—N,避免了污染物进入水体污染环境。

④研究了空气吹脱回收电解锰渣中 NH_4^+—N 和氧化固定 Mn 的影响条件和化学反应原理。与 NaOH 比较,CaO 适合作为空气吹脱 NH_4^+—N 和氧化 Mn 的碱性辅助剂。增加温度和空气流量均有助于 NH_4^+—N 的吹脱回收。增加温度有利于 Mn 的固定。空气吹脱 NH_4^+—N 和 H_2SO_4 溶液吸收后主要生成了 $(NH_4)_2SO_4$ 和 $(NH_4)_3H(SO_4)_2$。空气氧化可溶性 Mn 形成了 Mn_3O_4。通过小试实验,提出的空气-镁盐、磷酸盐-电氧化联合处置电解锰渣,能有效稳定化 Mn 和控制 NH_4^+—N。经计算空气-镁盐、磷酸盐-电氧化工艺的费用低于 CO_2-镁盐、磷酸盐-电氧化工艺。

⑤研究了电动力富集电解锰渣中 Mn 的效果和反应特征。CO_2 辅助电动力处理电解锰渣,CO_2 与阴极区的 OH^- 反应形成 CO_3^{2-},降低了阴极板附近的 pH 值,且 CO_3^{2-} 进一步与迁移到阴极板附近的 Mn^{2+} 反应形成 $MnCO_3$。比较分析,0.1 mol/L $H_2C_2O_4$ 溶液为预处理试剂,0.2

L/min CO_2 辅助电动力处理电解锰渣 48 h 后,在阴极板附近 Mn 的富集量和锰碳酸盐含量均最高,分别为 7.5% 和 4.5%。这与酸性条件下,$H_2C_2O_4$ 还原渣中高价锰氧化物形成 Mn^{2+} 有关。

（2）电解锰渣及渗滤液中锰和氨氮脱除方法与控制规律研究

针对含有不同锰与氨氮浓度的电解锰渣及渗滤液,陶长元等前期对电解锰渣及渗滤液中锰与氨氮的脱出与控制规律进行了大量研究。采用电动力方法处理长久堆放在渣场的电解锰渣,探究了电解锰渣中锰与氨氮脱出机制。提出了电场强化电解锰渣中锰的二次浸出,获得了优化工艺参数。利用低品位氧化镁、磷酸盐以及氧化钙稳定/固化刚排放的电解锰渣,探究了电解锰渣中锰与氨氮稳定/固化机制。研究了磷酸盐去除渗滤液中,高浓度锰与氨氮的控制规律,为渗滤液中锰与氨氮的资源化利用提供了理论支撑。系统研究了脉冲电解处理渗滤液中低浓度锰与氨氮脱出机理。获得主要结论如下:

①采用电动力方法脱出电解锰渣中锰与氨氮。首先,在电动力脱出过程中电解锰渣中氧化态的锰与残余态的锰去除效率低于离子交换态的锰和还原态的锰,同时在酸性介质中氧化态的锰与残余态的锰向离子交换态的锰和还原态的锰转化。其次,电解质和预处理剂直接影响电解锰渣中锰与氨氮脱出效果。最后,处理后锰渣中氨氮浓度能够达到国家安全排放标准,锰离子浓度能够从 455 mg/L 降低到 37 mg/L。

②电场能够强化电解锰渣中锰的二次浸出。Fe^{3+} 在阴极区能够被还原成 Fe^{2+},锰渣中的高价锰被溶液中的 Fe^{2+} 还原,从而提高了锰的浸出效率。相比不加电场和 Fe^{2+} 浸出锰渣中锰时,电场强化浸出条件下,锰的浸出效率提高了 51.8%。当采用 25 mA/cm^2,固液比 1:5,9.2wt% H_2SO_4,反应 60 min,电解锰渣中锰的浸出率达到 96.2%。

③采用磷酸盐、LG-MgO 以及 CaO 能够稳定/固化电解锰渣中锰与氨氮。采用 P-LGMgO 稳定/固化电解锰渣中氨氮与锰的能力高于 P-CaO 和 P-MgCa。当采用 12wt% P-LGMgO 固化剂,Mg:P 摩尔比为 5:1,稳定/固化 28 d 后,氨氮和锰固化效率分别为 84.0% 和 99.9%。在 P-LGMgO 稳定/固化过程中,氨氮主要通过鸟粪石（$NH_4MgPO_4·6H_2O$）进行稳定/固化,锰离子通过板磷镁锰矿（$Mn_3(PO_4)_2(OH)_2·4H_2O$）、羟锰矿（$Mn(OH)_2$）固化。在 P-CaO 稳定/固化过程中,氨氮主要以氨气逸出电解锰渣。采用 P-LGMgO 稳定/固化电解锰渣 28 d 后,锰渣中重金属达到国家安全排放标准,氨氮浓度能够从 504.0 mg/L 降低到 76.6 mg/L。

④采用磷酸盐能够去除电解锰渣渗滤液中的锰与氨氮。当溶液 pH 值为 9.5 时,N:P 摩尔比为 1:1.15,锰离子和氨氮去除率分别为 95.0% 和 99.9%,渗滤液中 PO_4-P 残余浓度为 12.0 mg/L,锰主要形成 $Mn_3(PO_4)_2·7H_2O$,氨氮主要形成鸟粪石沉淀。除此之外,$MgNaPO_4$、$MgHPO_4$、$Mg_2P_2O_7$、Na_3PO_4 以及 MnO_2 在沉淀物热解过程中形成,氨氮在第 1 次沉淀过程中去除率为 84.0%,当沉淀物循环使用 5 次后氨氮的去除率降低到 66.0%,而锰离子的去除率一直保持在 99.0% 以上。经济效益评估表明,当沉淀物循环使用 3 次后处理成本可以降低到原处理成本的 68.5%。

⑤采用脉冲电解能够高效去除含锰的氨氮废水。当脉冲参数选取 30 mA/cm^2,f = 1 000 Hz,r = 50%,室温条件下,废水初始 pH 值为 10.0,NaCl = 0.008 mol/L,氨氮去除率与锰离子回收率分别为 99.9% 和 99.9%,废水中剩余锰离子与氨氮浓度分别为 0.2 mg/L 和 0.1 mg/L。同时,XRD 和 SEM 分析结果表明,阳极液沉积物为二氧化锰,废水中锰离子主要以二氧化锰进行回收。

4.3 电解锰阳极泥处理与资源化

4.3.1 电解锰阳极泥性质

在电解锰生产过程中,除了在阴极会产生主产品金属锰以外,在阳极处也会产生一种被称为阳极泥的黑褐色物质。它是电解液中少量的 Mn^{2+} 在阳极室放电。然后,以 MnO_2 或者锰的水和氧化物形势沉淀在电解槽中,其中锰元素的含量为 $40\% \sim 50\%$,主要包括硫酸锰($MnSO_4$)、二氧化锰(MnO_2)等;同时,还含有电解催化剂 SeO_2 和电极板溶解的 Pb、Sn 等元素的冶炼废渣。由此可见,电解锰阳极泥的成分十分复杂,而且用电解法每生产 1 t 金属锰将产生 50 ~ 150 kg 的阳极泥。

(1)阳极泥基本物理性质

电解锰阳极泥自然风干后,呈黑褐色颗粒状或片状。图 4.3 所示为不同的电解锰流程得到的阳极泥。

(a)多孔脉冲电解金属锰阳极泥　　　　(b)平板脉冲电解金属锰阳极泥

(c)平板直流电解金属锰阳极泥　　　(d)球磨后的平板直流电解金属锰阳极泥

图 4.3　电解锰阳极泥图片

从图 4.3 可以看出,不管电解生产中的阳极板是平板型还是多孔型,由脉冲电解得到的电解锰阳极泥在外观上呈片状且大小比较均匀,而直流电解得到的电解锰阳极泥却是颗粒不均,这可能和电解过程中的极化现象有关。将 a、b 和 c 这 3 种电解锰阳极泥分别于 100 ~ 110 ℃烘干 10 h 以上,并且在研磨后过 200 目筛,得到的固体做 XRD 检测,所得结果如图 4.4 所示。

从图 4.4 中可以看出,a、b、c 这 3 种电解锰阳极泥均在 $2\theta = 12.5°$、$17.9°$、$28.7°$、$37.4°$、$41.8°$、$49.6°$、$59.9°$等附近出现 $\alpha\text{-}MnO_2$ 的特征峰,而且根据标准图谱库(JCPDS No.44-0141)

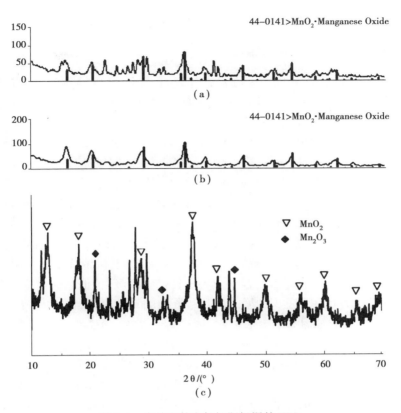

图 4.4　未处理的电解锰阳极泥的 XRD

可确认是 α-MnO$_2$,但是其晶体结构不好,衍射峰出现毛刺。图 4.11 显示除了有 α-MnO$_2$ 外,还含有其他物相的峰,如 Mn$_2$O$_3$ 等,说明电解锰阳极泥是混合物。

（2）阳极泥基本化学性质

不同生产厂、不同生产过程产生的阳极泥的成分都各不相同,就平板直流电解锰阳极泥而言,采用 EDTA 滴定法测定电解锰阳极泥的 Ca、Mg 含量,利用原子吸收分光光度法测定 Fe、Cu、Ni、Ag 和 Pb 等金属的含量。MnO$_2$ 含量、MnO$_x$ 中的 x 值用草酸钠和硫酸亚铁铵测定。电解锰阳极泥的成分测定前需在 105 ℃烘干 10 h,电解锰厂的电解锰阳极泥烘干后失水率为 16.1%,所测主要成分见表 4.3。

表 4.3　平板直流电解锰阳极泥的主要成分

名称	Fe	Pb	Cu	Co	Ni
含量/%	4.31	4.92	0.000 660	0.009 30	0.002 51
名称	Ca	Mg	Ag	MnO$_2$	MnO$_x$	结晶水
含量/%	4.11	5.66	0.004 60	59.0	MnO$_{1.757}$	8.43

这种平板直流电解锰阳极泥中杂质较多,主要杂质为 Fe$_2$O$_3$、MnO$_2$、Mn$_2$O$_3$ 和 CaSO$_4$ 等,所含 MnO$_2$ 的活性很低,必须对其进行除杂、提高其活性才能加以利用;另外平板脉冲电解锰阳极泥和多孔脉冲电解锰阳极泥的主要成分也是二氧化锰,其他组分含量与平板直流电解锰阳极

泥都比较接近。采用湿法工艺可以对电解锰阳极泥中进行除杂、活化。

4.3.2 阳极泥资源化利用现状

我国是世界上主要锰生产国之一,尤其是 2007 年以来,电解锰年产量维持在 100 万 t 以上,2016 年我国电解锰产量达到了 115 万 t。根据国内电解锰厂现场测试及电解锰行业清洁生产标准相关指标表明,在电解锰的生产过程中,每生产 1 t 电解锰就会产生 40～80 kg 阳极泥。由此推断,我国每年至少产生阳极泥 5.52 万 t。通常情况下,工业电解(或电镀)过程使用的阳极材料均为合金铅,阳极区发生氧化反应使得形成的阳极泥含有一定量的铅,由于电解过程产生的阳极泥形成机理较复杂,其成分组成及性质各具行业特点,利用难度大,一直以来都是作为一种工业废渣丢弃或廉价出售,不仅造成资源浪费,而且可能形成重金属污染。随着近十年的产能扩张,锰矿资源日趋枯竭,平均品位逐渐下降,目前,大部分锰矿品位已经降低为 14% 左右,而电解锰阳极泥中含锰率为 40%～50%,且产生量较大。因此,研究电解锰阳极泥特性及其资源化利用途径,对减轻电解锰行业的环境污染及其可持续发展有重大意义。

电解锰阳极泥虽然是工业固体废弃物,但是仍然具有利用价值。通过合适的途径可以变废为宝。随着环境压力和环保意识的增加以及锰资源的日益衰竭,国内开始有人对电解锰阳极泥的利用开展了一些探索性研究,但是与我国迅猛壮大的电解锰生产规模相比,研究人员还是相当不足,而且研究成果也较少。电解锰阳极泥的研究成果主要有:煅烧氧化法制备化学二氧化锰;焙烧—酸浸—氧化法制活性二氧化锰;高温焙烧除杂制备磁性材料和合金;还原—焙烧—酸浸制备 $MnCO_3$;还原浸出制备 $MnCO_3$;将电解锰阳极泥做添加剂掺入脱硝催化剂中。

沈慧庭等人采用玉米秆的硫酸水解液对电解锰阳极泥进行还原浸出,浸出液经过进一步净化后,制备成 Mn 含量为 43.55% 的工业级碳酸锰;然后用盐酸处理玉米秆,所得滤液用于处理硫酸浸取电解锰阳极泥后的残渣,制得 Pb 含量为 58.60% 的铅精矿,锰的浸出率和铅的回收率分别达到 96.33% 和 90.63%。这种方法存在较多的问题,比如回收得到的碳酸锰和铅精矿的纯度较低,而且玉米秆存在季节性。

刘建本等利用电解锰阳极泥和电解锌厂的尾气(SO₂ 质量分数为 8%)反应,制备了工业级硫酸锰。这种方法流程周期较长,操作条件较苛刻,成本较高,而且容易发生因 SO₂ 利用不充分而造成的环境污染问题。另外,所得到的硫酸锰纯度不高,含有较多的重金属,导致产品的利用价值非常有限。

华兵等以湖北某电解锰厂产生的阳极泥作为研究对象,采用 X 射线能谱法和微波消解——火焰原子吸收法分别测定电解锰阳极泥主要含有 Mn、Pb、Fe、Ca、Cr、K、Se 等金属元素及其含量,并且采用水平振荡法、硫酸硝酸法和醋酸缓冲溶液法 3 种方法对电解锰阳极泥进行浸出毒性实验,结果显示,浸取液中 Se 和 Pb 含量均超过浸出毒性标准限值。此外,对经水洗、湿磨和烘干后的电解锰阳极泥样品进行了热重分析。结果表明:在 550 ℃ 以后发生的分解反应,同时阳极泥的晶型结构也发生了改变;650 ℃ 之后,热重曲线趋于平缓,晶体结构比较稳定。最后,探索了电解锰阳极泥除铅的工艺路线,通过正交实验确定了最优除铅条件,最优条件下所制备样品结晶度高,且 Mn_2O_3 含量在 96.7% 以上。

本实验采用的除铅工艺如图 4.5 所示。

经过上述过程,Pb 的去除效果较好,得到的样品中杂质含量很少,且结晶度很好,制得的样品为立方晶系 Mn_2O_3。此外,通过正交实验,确定了阳极泥除铅的最佳工艺条件为浸取液浓

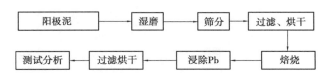

图 4.5　电解锰阳极泥除 Pb 技术路线图

度 1.5 mol/L,浸取时间 2 h,液固比 8∶1,焙烧温度 700 ℃。

申永强分析了电解锰阳极泥的主要成分,采用了氧化还原的方法对其进行活化利用,即首先加碱煅烧氧化处理,然后用甲醛还原处理,最后水洗中和,制备得到初级化学二氧化锰,其工艺流程如图 4.6 所示。

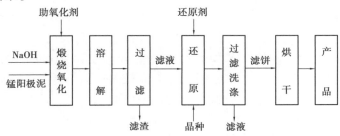

图 4.6　电解锰阳极泥制备化学二氧化锰的工艺流程

这种方法的缺点是,氧化阶段的煅烧温度较高,可达到 460 ℃左右,同时氧化时间长达 3 h,NaOH 的用量也较大,导致资源和能源消耗较高。而还原阶段用甲醛(HCHO)作还原剂,也容易造成污染。此工艺所得的产品是初级化学二氧化锰,MnO_2 含量为 92%,但 $Mn(OH)_2$ 含量却高达 5%左右,而且视比重仅有 1.61 g/cm^3,事实上,制备所得的初级化学二氧化锰的晶体结构中杂质含量较高,尤其是钠的含量偏高,而且 5%的 $Mn(OH)_2$ 含量也肯定会极大地降低 MnO_2 的活性,所以产品的放电性能不太可能较好。

何溯结等将电解锰阳极泥经行水洗—焙烧—酸浸—歧化—氧化的处理,水洗过程把阳极泥中的硫酸铵含量由 10.10%降低到 1.30%、锰含量由 41.26%提高到 50.94%;水洗后的阳极泥要在 700 ℃下焙烧 2 h,然后取一定量的阳极泥,以固液比 1∶3,酸矿比 0.54∶1,添加水和硫酸,加入氧化剂 $NaClO_3$,在 90 ℃下浸出 6 h,将得到的阳极泥过滤、水洗至 pH 值为 6.5 左右烘干磨碎。焙烧氧化过程明显增强了电解锰阳极泥的放电活性,活化后的产品在3.9 Ω连续放电至 0.9 V 的时间可以达到 450 min。

汤集刚等对电解锰阳极泥的杂质种类及其存在形态进行了研究,如图 4.7、图 4.8 所示,电解锰阳极泥中的 Pb 和 Sn 来源于四元合金阳极板,且多数是以分散态存在,只有少量以合金存在,而锰元素则主要以 MnO_2 形式存在。原因是在电解过程中,Pb、Sn 与 Mn 均可被氧化并且沉淀,最终生成了胶状构造的泡锰铅矿(分子式为 $PbMn_3O_7 \cdot nH_2O$)和少量的 $PbSO_4$。该阳极泥在 1 050 ℃左右主要生成 Mn_3O_4,再通过电磁冶金方法生产锰铁合金,试验目前只是停留在小规模试验阶段。

此法的缺点是,高温焙烧不仅能耗较高而且对设备的要求也比较苛刻,甚至废气的处置也需要较大的投入。另外,所得 Mn_3O_4 产品中杂质含量较高,很难大规模地直接生产出高品质的锰合金。

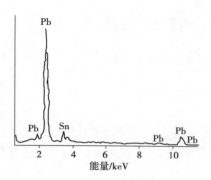

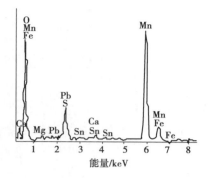

图 4.7　电解锰阳极泥综合样 A 的 X 射线能谱　　图 4.8　电解锰所用的阳极 X 射线能谱

上述这些方法存在转化率和回收率低、工艺路线长、能耗高、成本高、难以形成规模效益等一系列问题。因此，寻找经济可行、技术可行的电解锰阳极泥资源化的方法还任重道远。目前国外几乎没有关于电解锰阳极泥的研究报道，但是有较多的关于低品位锰矿或低含锰量锰矿的利用研究，这为电解锰阳极泥的应用提供有价值的信息。

值得注意的是，迄今为止，很少有人将电解锰阳极泥应用于电池领域。如果能将电解锰阳极泥制备成锌锰电池用的正极材料，不仅可以缓解作为干电池常用正极材料的天然二氧化锰矿日益枯竭的难题，而且为电解锰阳极资源化利用提供有效途径。当然在利用电解锰阳极泥的同时，应该注意的是，由于锰矿来源、矿石品位不尽相同以及生产过程中的控制参数不同，使得各地电解锰阳极泥的物理化学性质存在一定差异。本研究主要利用湿法处理手段对电解锰阳极泥进行除杂和活化，制备具有较高活性的二氧化锰并应用于电池工业。同时，探讨离子液体对电解锰阳极泥的改性研究，为电解锰阳极泥的资源化利用提供新思路。

4.3.3　阳极泥资源化利用

正如前面我们所提到的一样，到目前为止，很少有人将阳极泥的资源化利用与电池生产联系起来，重庆大学陶长元教授团队在这方面做了很详细的研究，并取得了一定科研成果。该团队采用了完全湿法浸取工艺处理电解锰阳极泥，确定了电解锰阳极泥的适宜浸出工艺条件，既起到了很好的除杂活化效果，又具有经济、环保的优点；将电解锰阳极泥应用于锌锰干电池中，为电解锰阳极泥的资源化利用探索出一条新路；将离子液体应用于电解锰阳极泥的除杂活化过程和电池放电过程中，并探讨了离子液体的作用机理。图 4.9 所示为利用电解锰阳极泥的工艺流程。

由于电解锰阳极泥所含二氧化锰活性较低，同时还有很多可溶于水、酸的杂质，所以本技术路线在考虑环保和成本因素的基础上，通过湿法处理工艺对低活性二氧化锰进行改性，得到较高活性的二氧化锰，应用于锌锰电池中作正极活性材料或应用于其他领域，实验产生的废水在经过适当处理后可循环利用。本路线为电解锰阳极泥的资源化利用提供了切实可行的思路。

（1）电解锰阳极泥的除杂、活化实验研究

1）电解锰阳极泥的预处理

电解锰阳极泥颗粒较大，球磨有助于减小颗粒大小，甚至改变二氧化锰的表面活性，增大浸取时的固液接触面积，提高浸取率。球磨机的运转参数为：大小球数量比为 5∶1，球磨时间

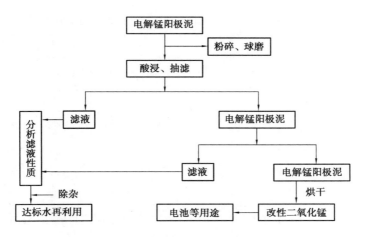

图 4.9　电解锰阳极泥的利用工艺流程图

40 min,传动比为 5,频率 25 Hz。采用以上参数球磨后,电解锰阳极泥颗粒大小约为 74 μm。

2)稀酸(含 NaCl)浸取除杂、活化实验研究

实验采用稀酸(含 NaCl)浸取除去金属氧化物杂质,然后用碱中和多余的酸和少量油状物过滤后,调整二氧化锰固体表面 pH 值,最后将固体烘干、球磨,达到提高 MnO_2 活性的目的。因为电解锰阳极泥成分复杂。所以,用电解锰阳极泥中 MnO_2 含量的多少来评估除杂效果。浸取过程涉及的主要化学反应为:

$$Mn_2O_3 + 2H^+ === MnO_2 + Mn^{2+} + H_2O \tag{4.14}$$

$$MnO + 2H^+ === Mn^{2+} + H_2O \tag{4.15}$$

$$Fe_2O_3 + 6H^+ === 2Fe^{3+} + 3H_2O \tag{4.16}$$

$$Mn_3O_4 + 4H^+ === 2Mn^{2+} + MnO_2 + 2H_2O \tag{4.17}$$

NaCl 的加入导致溶液中 Cl^- 浓度增大,不仅大大增加了某些难溶物,如 $CaSO_4$ 的溶解度,而且 Cl^- 与 Fe^{3+}、Cu^{2+}、Ni^+ 等金属离子以及 Ag_2SO_4 等难溶物形成稳定的可溶性络合物,达到更好的浸出效果。另外,NaCl 会降低电解锰阳极泥中油状物质的胶黏性,降低溶液中 H^+ 在 MnO_2 孔状结构中的扩散阻力,促进杂质离子的浸出。

实验中探究了酸浓度、酸浸时间、液固比、反应温度、NaCl 对除杂效果的影响、酸浓度(含 NaCl)等因素对除杂效果的影响,表明浸取除杂时,应该取浓度为 1 mol/L 的硫酸、适宜的酸浸时间为 2 h、较好的液固比为 5、合适的反应温度为 50 ℃,以及在 NaCl 存在的情况下,硫酸浓度仍取 1 mol/L 较合适。

(2)电解锰阳极泥制成锌锰电池的充放电实验研究

将处理前后的电解锰阳极泥与未处理过的 AMD、EMD 在电池电解液中于 20 ℃浸泡 24 h 后,制成 R20 锌锰电池,通过 IDS 恒阻电池智能放电检测系统检测放电性能。检测结果见表 4.4。表中的时间是指 3.9 Ω、0.9 V 的连续放电时间。

锌锰干电池中,二氧化锰的放电机理有两个反应:第一个反应主要是发生在二氧化锰晶格中,第二个反应只发生在二氧化锰的表面。

$$MnO_2 + H^+ + e^- \longrightarrow MnOOH \tag{4.18}$$

$$(MnO_2)_{surface} + H^+ + e^- \longrightarrow MnOOH \tag{4.19}$$

表 4.4　AMD、EMD 和酸(含 NaCl)处理前后的电解锰阳极泥的放电性能

名称	处理前			AMD	EMD	H_2SO_4加热酸浸、碱洗处理后					
	平板直流	平板脉冲	多孔脉冲			平板直流	平板直流	平板脉冲	平板脉冲	多孔脉冲	多孔脉冲
视比重	1.50	1.58	1.56			1.76	1.76	1.76	1.76	1.76	1.88
开路电压	1.56	1.52	1.52	1.74	1.83	1.79	1.63	1.79	1.76	1.75	1.75
负荷电压	1.45	1.44	1.40	1.54	1.69	1.65	1.50	1.65	1.63	1.60	1.60
短路电流	6.00	5.30	5.22	7.40	9.00	7.70	7.80	7.65	7.65	7.65	7.80
放电容量	0.863	0.926	0.729			2.23	1.41	1.61	1.63	1.39	1.55
连放时间	164	176	138	292	502	451	292	332	335	285	318
MnO_2						89.6	86.7	90.2	93.4	88.2	87.5

(3)实验得出的结论

①常温下酸浸后无法保证电解锰阳极泥的放电时间稳定在某一较好的数值附近,而是会出现很大的波动,尤其对于不同批次的样品更是如此,而经加热酸浸处理后,放电时间较稳定。离子液体与酸共同浸取得到的电解锰阳极泥在放电时间上比天然二氧化锰长,而且对于平板直流阳极泥来说,离子液体与酸共同浸取后的放电效果比只用酸浸取好,同时对平板直流阳极泥、平板脉冲阳极泥和多孔脉冲阳极泥来说,均比酸浸后再往烘干的固体中加离子液体的放电效果好,主要的原因是离子液体使吸附于电解锰阳极泥表面的油状物质在抽滤时随离子液体而除去,减少了电池放电过程中的界面阻力,尤其是反应机理中 H^+ 的迁移阻力;另外,离子液体增加电解锰阳极泥中二氧化锰隧道结构中杂质金属离子的浸出,增强了放电时电池电解液中的导电性,促进了离子的扩散和电子的迁移,降低了电池内阻,所以放电性能较好。往只用酸浸取后烘干的锰阳极泥中加离子液体,放电效果不如离子液体与酸共同浸取的效果,原因是只用酸浸取无法很好地去除电解锰阳极泥表面的油状物质,同时由于较多的离子液体存在且咪唑环的直径小于电解锰阳极泥中的 α-MnO_2 的 T[2×2]隧道大小(4.6 Å),同时有可能形成氢键或静电荷和作用,容易造成电解液中离子扩散困难,电池反应的产物堵塞微孔,导致了放电容量下降;然而,最重要的原因很可能是作为电池缓蚀剂的离子液体若大量存在,虽然可以提高析氢电位但是也会由于自身的高黏度,导致在二氧化锰和负极锌表面形成致密的界面膜,而且在放电时膜不易脱落,增大了锌的极化也阻碍了离子迁移,最终表现为放电时间的减少。改进的方法是加入助溶剂以降低离子液体的黏度,这样才能真正发挥离子液体的导电性优势,

从动力学上改善放电过程。

②经过离子液体与酸共同浸取后的二氧化锰其视比重均在 1.5 以上,高于普通电解二氧化锰。高视比重保证了正极活性物具有高填装量进而获得高放电容量。离子液体与酸共同浸取后,电解锰阳极泥中二氧化锰的 x 值由处理前的 1.5 ~ 1.7 提高到 1.9 ~ 2.0,减少了晶体的缺陷。表 4.2 说明经稀硫酸(含 NaCl)处理后,电解锰阳极泥中 MnO_2 得到活化,杂质含量减少,且 MnO_2 的视比重增大,提升了 MnO_2 吸收电解液的能力,最终降低电池内阻,减少了放电过程中的极化现象,表现出了良好的电化学性能。样品的 3.9 Ω、0.9 V 连续放电时间能够保证在 260 min 以上,完全能够达到锌锰干电池用的天然二氧化锰的放电标准,甚至可以接近电解二氧化锰的放电标准。

将电解锰阳极泥制成 R20 电池,检测其放电性能,得到放电曲线如图 4.10 所示。a 为处理前的平板直流电解锰阳极泥,c、d、e 分别为处理后的多孔脉冲电解锰阳极泥、平板脉冲电解锰阳极泥和平板直流电解锰阳极泥,b 为武汉三联公司的天然二氧化锰。

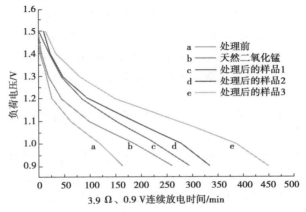

图 4.10　不同来源 MnO_2 的放电曲线

③处理前,电解锰阳极泥的电化学活性较低,不如天然二氧化锰;但是经酸(含 NaCl)和酸(含离子液体)处理后,均可得到活化二氧化锰,其 3.9 Ω、0.9 V 连续放电时间可以稳定在 260 min 以上,优于普通天然二氧化锰。而且有时甚至还能达到电池级电解二氧化锰的放电标准。离子液体能够实现对二氧化锰的表面改性,增加其离子吸附和交换能力,使放电过程中质子的扩散变得更容易。将离子液体直接大量加入二氧化锰中,不仅不能增加电池的导电性,还会大大增加电池内阻,导致出现极化现象,使电池出现漏液等严重问题,故离子液体的选择在酸浸时加入的方式,对二氧化锰的活化是非常有效的,其放电性能良好。

参考文献

[1] 周少奇,方汉平. 低 COD/NH_4—N 比废水同时驯硝化反硝化生物处理策略[J]. 环境污染与防治,2000,22(1):18-21.

[2] 李从娜,稻森悠平. 溶解氧及活性污泥浓度对同步硝化反硝化的影响[J]. 城市环境与城市生态,2001,14(1):33-35.

[3] 吕其军,施永生. 同步硝化反硝化脱氮技术[J]. 昆明理工大学学报,2003,28(6):91-95.

[4] 涂保华,张洁,张雁秋.影响短程硝化反硝化的因素[J].工业安全与环保,2004,30(1):12-14.

[5] YOO H,AHN K H. Nitrogen removal from synthetic wastewater by simultaneous nitrification and denitrification(SND)via nitrite in an intermittently-aerated reactor[J]. Water Research,1999,33(1):145-154.

[6] 赵宗升,刘鸿亮,李炳伟.高浓度氨氮废水的高效生物脱氮途径[J].中国给排水,2001,17(5):24-28.

[7] 潘伯宁.同步硝化反硝化处理氨氮废水的研究[D].南京:南京理工大学,2004.

[8] LEYVA-RAMOS R,MONSIVAIS-ROCHA J E,ARAGON-PIñA A,et al. Removal of ammonium from aqueous solution by ion exchange on natural and modified chabazite[J]. Journal of Environmental Management,2010,91(12):2662-2668.

[9] HLAVAY J,POLYAK K,HODI M. Removal of pollutants from drinking water by combined ion exchange and adsorption methods[J]. Environment International,1995,21(3):325-331.

[10] ROŽIĆ M,CERJAN-STEFANOVI Ć,KURAJICA S,et al. Ammonia nitrogen removal from water by treatment with clays and zeolites[J]. Water Research,2000,34(14):3675-3681.

[11] 蒋建国,陈嫣,邓舟,等.沸石吸附法去除垃圾渗滤液中氨氮的研究[J].给水排水,2003,29(3):6-9.

[12] 黄骏,陈建中.氨氮废水处理技术研究进展[J].环境污染治理技术与设备,2002,3(1):65-68.

[13] 王莉萍,曹国平,周小虹.氨氮废水处理技术研究进展[J].化学推进剂与高分子材料,2009,7(3):26-32.

[14] 宋卫锋,骆定法,王孝武,等.折点氯化法处理高 NH_3—N 含钴废水试验与工程实践[J].环境工程,2006,(5):12-13.

[15] 黄军,邵永康.高效吹脱法＋折点氯化法处理高氨氮废水[J].水处理技术,2013,39(8):131-133.

[16] 宋卫锋,骆定法,王孝武,等.折点氯化法处理高 NH_3—N 含钴废水试验与工程实践[J].环境工程,2006(5):12-13.

[17] LIAO P H,GAO Y,LO K V. Chemical precipitation of phosphate and ammonia from swine waste water[J]. Biomass and bioenergy,1993,4(5):365-371.

[18] 陈连龙,魏瑞霞,陈金龙.化学沉淀法去除煤气废水中氨氮的研究[J].化工环保,2004,24(5):313-316.

[19] 谢炜平.废水中氨氮的去除与利用[J].环境导报,1998(3):15-16.

[20] 赵庆良,李湘中.化学沉淀法去除垃圾渗滤液中的氨氮[J].环境科学,1999,20(5):90-92.

[21] 李晓萍,刘小波,金向军,等.化肥厂高浓度氨氮废水的处理和回用[J].吉林大学学报:理学版,2006,44(2):295-295.

[22] 郭立萍,白斌,周晓靖.MAP 法处理化肥厂高浓度氨氮废水试验研究[J].新乡师范高等专科学校学报,2006,20(2):31-32.

[23] 汤琪,罗固源,季铁军,等.磷酸铵镁同时脱氮除磷技术研究[J].环境科学与技术,2008,

31(2):1-5.

［24］刘小澜,王继徽,黄稳水,等.化学沉淀法去除焦化废水中的氨氮[J].化工环保,2004,24(1):46-49.

［25］LI X Z,ZHAO Q L,HAO X D. Ammonium removal from landfill leachate by chemical precipitation[J]. Waste Management,1999(19):409-415.

［26］李海波,周康根.以改进的化学沉淀法处理硫酸铵废水[J].污染防治技术,2007(6):24-27.

［27］张涛,任洪强,丁丽丽,等.磷酸铵镁沉淀技术处理氨氮废水研究进展//中国环境科学学会学术年会论文集[C].2010:2908-2911.

［28］冯玉杰,李晓岩,尤宏.电化学技术在环境工程中的应用[M].北京:化学工业出版社,2002:94-105.

［29］CHIANG L C,CHANG J E,WEN T C. Indirect oxidation effect in electrochemical oxidation treatment of landfill leachate[J]. Water Research,1995,29(2):671-678.

［30］DELIA M M,AGOSTIZNO A,CEGLIE A. An electrochemical sewage treatment process[J]. Journal of Applied Electrochemistry,1980(10):527-533.

［31］曾次元,李亮,赵心越,等.电化学氧化法除氨氮的影响因素[J].复旦大学学报:自然科学版,2006,45(3):348-352.

［32］LIN S H,WU C L. Electrochemical removal of nitrite and ammonia for aquaculture[J]. Water research,1996,30(3):715-721.

［33］DÍAZ V,IBÁÑEZ R,GÓMEZ P,et al. Kinetics of electro-oxidation of ammonia,nitrites and COD from a recirculating aquaculture saline water system using BDD anodes[J]. Water research,2011,45(1):125-134.

［34］王程远.电化学氧化法降解水中含氮污染物的实验研究[D].北京:北京化工大学,2008.

［35］徐丽丽,施汉昌,陈金銮.Ti/RuO$_2$-TiO$_2$-IrO$_2$-SnO$_2$电极电解氧化含氨氮废水[J].环境科学,2007,28(9):2009-2013.

［36］李大鹏.电化学氧化处理印染废水的过程和特性[J].中国给水排水,2002,18(5):6-9.

［37］SZPYRKOWICZ L,KAUL S N,NETI R N. Influence of anode material on electrochemical oxidation for the treatment of tannery wastewater[J]. Water research,2005,39(8):1601-1613.

［38］PANIZZA M,CERISOLA G. Electrochemical oxidation as a final treatment of synthetic tannery waste water[J]. Environmental science & technology,2004,38(20):5470-5475.

［39］刘俊明.分形理论及其应用[M].武汉:华中理工大学出版社,1991.

［40］MANDELBROT B B,MASSOJA D E. Fractal Character of Fractal Surface of Metals[J]. Nature,1984(308):721-722.

［41］陈书荣,谢刚.金属铜电沉积过程中分形研究[J].中国有色金属学报,2002,12(4),846-850.

［42］NING D,WANG F,ZHOU C B,et al. Analysis of pollution materials generated from electrolytic manganese industries in China[J]. Resources, Conservation and Recycling,2010,54:506-511.

［43］严旺生.中国锰矿资源与富锰渣产业的发展[J].中国锰业,2008,26(1):7-11.

[44] 王运敏.中国的锰矿资源和电解锰的发展[J].中国锰业,2004,22(3):26-30.

[45] 周柳霞.中国电解锰工业50多年发展回顾与展望[J].中国锰业,2010,28(1):1-6.

[46] 杜兵,汝振广,但智钢,等.电解锰渣处理处置技术及资源化研究进展与展望[J].桂林理工大学学报,2015,1(35):152-158.

[47] 谭柱中.2013年中国电解锰工业回顾与展望[J].中国锰业,2014,32(3):1-4.

[48] 汪启年,王璠,刘斌,等.我国电解锰行业氨氮污染分析与控制[J].环境工程,2012,30(3):121-123.

[49] 陈红亮,刘仁龙,唐金晶,等.电解锰渣堆存过程中物相成分和浸出毒性的变化规律[J].2014年全国冶金物理化学学术会议(中国稀土学报),2014:28.

[50] 谭柱中."十一五"中国电解锰工业的发展和"十二五"展望[J].中国锰业,2011,29(1):1-4.

[51] 杨玉珍,王婷,马文鹏.水环境中氨氮危害和分析方法及常用处理工艺[J].山西建筑,2010,36(20):356.

[52] 谢建华,刘海静,王爱武.浅析氨氮、总氮、三氮转化及氨氮在水污染评价及控制中的作用[J].内蒙古水利,2011(5):34-36.

[53] 彭晓成,段宁,周长波,等.我国电解锰行业锰渣全过程无害化途径分析//2010年重金属污染综合防治技术研讨会论文集[C].2010:18-21.

[54] 陶长元,费珊珊,刘作华,等.无铵电解锰的进展研究[J].中国锰业,2011,29(3):1-4.

[55] 徐莹,苏仕军,孙维义.脱硫尾渣中硫酸铵及锰离子的洗涤回收[J].中国锰业,2011,29(1):17-23.

[56] 孟小燕,蒋彬,李云飞,等.电解锰渣二次提取锰和氨氮的研究[J].环境工程学报,2011,5(4):903-908.

[57] 周长波,杜兵,王积伟,等.一种从电解锰渣中直接提取回收氨氮的方法[P].北京,201210301899.1,2012-11-28.

[58] 李明艳.电解锰渣资源化利用[D].重庆:重庆大学,2010.

[59] ZHOU C B,WANG J W,WANG N F. Treating electrolytic manganese residue with alkaline additives for stabilizing manganese and removing ammonia. Korean[J]. Chem. Eng. ,2013,30(11),2037-2042.

[60] 齐牧,张文山,崔传海,等.利用锰渣代替部分氨水中和除铁生产电解锰的方法[P].辽宁,200810012336.4,2008-11-19.

[61] 雷杰,彭兵,柴立元,等.用电解锰渣制备高铁硫铝酸盐水泥熟料[J].材料与冶金学报,2014,4(13):257-261.

[62] 冉岚,刘少友,杨红芸,等.利用电解锰渣-废玻璃制备陶瓷砖[J].非金属矿,2015,3(38):27-29.

[63] 刘惠章,江集龙.电解锰渣替代石膏生产水泥的试验研究[J].水泥工程,2007(2):78-81.

[64] HOU P K,QIAN J S,WANG Z,et al. Production of quasi-sulphoaluminate cementitious materials with electrolytic manganese residue[J]. Cement & Concrete Composites,2012,34(2):248-254.

[65] 柯国军,刘巽伯.电解锰废渣胶凝材料[J].硅酸盐建筑制品,1995,23(4):28-31.

［66］FENG Y,CHEN Y X,LIU F,et al. Studies on replacement of gypsum by manganese slag as re-
　　　tarder in cement manufacture［J］. China National Chemical Industry,2006,4(2):57-60.

［67］高武斌,王志增,赵伟洁,等.电解锰渣复合 Fe-Mn-Cu-Co 系红外辐射材料的制备及性能
　　　研究［J］.功能材料,2015,6(46):06076-06080.

［68］王积伟,周长波,杜兵,等.电解锰渣无害化处理技术［J］.环境工程学报,2014,8(1):
　　　330-333.

［69］陈家镛.湿法冶金手册［M］.北京:冶金工业出版社,2005.

［70］李明艳.电解锰渣资源化利用研究［D］.重庆:重庆大学,2010.

［71］吴伟金.电解锰浸渣的综合利用研究进展［J］.大众科技,2013(06):92-95.

［72］姜瑞,曾红云,王强.氨氮废水处理技术研究进展［J］.环境科学与管理,2013(06):
　　　131-134.

［73］CHEN H L,LIU R L,SHU J C,et al. Simultaneous stripping recovery of ammonia-nitrogen and
　　　precipitation of manganese from electrolytic manganese residue by air under calcium oxide as-
　　　sist［J］. Journal of Environmental Science and Health Part A,2015(50):1282-1290.

［74］CHEN H L,LIU R L,LIU Z H,et al. Immobilization of Mn and NH_4^+—N from electrolytic
　　　manganese residue waste［J］. Environmental Science and Pollution Research,2016:6446.

［75］CHEN H L,LIU R L,LONG Q,et al. Carbonation precipitation of manganese from electrolytic
　　　manganese residue treated by CO_2 with alkaline additives［J］. 2nd International Conference on
　　　Machinery,Materials Engineering,Chemical Engineering and Biotechnology（MMECEB
　　　2015）,2015:721-726.

［76］SHU J C,LIU R L,LIU Z H,et al. Solidification/stabilization of electrolytic manganese residue
　　　using phosphate resource and low-grade MgO/CaO［J］. Journal of Hazardous Materials,2016
　　　(317):267-274.

［77］SHU J C,LIU R L,LIU Z H,et al. Simultaneous removal of ammonia and manganese from
　　　electrolytic metal manganese residue leachate using phosphate salt［J］. Journal of Cleaner Pro-
　　　duction,2016(135):468-475.

［78］SHU J C,LIU R L,LIU ZH,et al. Manganese recovery and ammonia nitrogen removal from
　　　simulation wastewater by pulse electrolysis［J］. Separation and Purification Technology,2016
　　　(168):107-113.

［79］SHU J C,LIU R L,LIU Z H,et al. Electrokinetic remediation of manganese and ammonia ni-
　　　trogen from electrolytic manganese residue［J］. Environmental Science and Pollution Re-
　　　search,2015(22):16004-16013.

［80］SHU J C,LIU R L,LIU Z H,et al. Enhanced extraction of manganese from electrolytic manga-
　　　nese residue by electrochemical［J］. Journal of Electroanalytical Chemistry,2016(780):
　　　32-37.

［81］SHU J C,LIU R L,LIU Z H,et al. Leaching of manganese from electrolytic manganese residue
　　　by electro-reduction［J］. Environmental Technology. 2016(124):57-89.

［82］SHU J C,LIU R L,et al. Simultaneous removal of ammonia nitrogen and manganese from
　　　wastewater using nitrite by electrochemical method［J］. Environmental Technology.

2016. 1194482.

［83］CHEN H L, LIU R L, LIU Z H, et al. Immobilization of Mn and NH_4^+—N from electrolytic manganese residue waste［J］. Environmental Science and Pollution Research, 2016（2）: 12352-12361.

［84］CHEN H L, LIU R L, SHU J C, et al. Simultaneous stripping recovery of ammonia-nitrogen and precipitation of manganese from electrolytic manganese residue by air under calcium oxide assist［J］. Journal of Environmental Science and Health Part A-Toxic/Hazardous Substances & Environmental Engineering, 2015（50）:1282-1290.

第 **5** 章
低浓度含锰废水资源化利用

世界上锰矿石总产量的 90 % 以上用于生产锰系铁合金。钢铁企业的生产过程中的外排废水中锰浓度相对较高,有的甚至达到 20 g/L。对于主工艺采用湿法酸浸的金属冶炼过程而言,其生产过程中产生的废水酸性较强,重金属等离子含量较多,水质各指标波动范围也较大。本章主要讲述低浓度含锰废水中锰的资源化利用工程应用方面的内容。

5.1 低浓度含锰废水中锰的回收

对于以酸浸为主的金属冶炼体系而言,其生产过程中将产生含低浓度锰的废水。如果将废水直接排放,不但会对环境造成重大污染,同时也是对废水中可再回收金属离子等的严重浪费。另外,如果不对废水进行适当处理而将其返浸矿石等时,又会造成杂质离子的富积,彼时将会对主工艺造成严重的影响。所以对含低浓度锰废水的资源化利用尤为重要,也尤为必要。治理含锰废水的处理方法有很多种,其中应用广泛的主要有下述几种方法:

(1)混凝沉淀法

混凝沉淀法主要是通过向废水中加入一些碱性沉淀剂或混凝剂,使之以难溶化合物的沉淀方式析出去除。宿程远等选取聚合氯化铝(PAC)、聚合硫酸铁(PFS)、聚丙烯酰胺(PAM)和六水合氯化铁(FC),4 种常用混凝剂对锰矿选矿废水锰含量进行处理,发现对低浓度锰矿选矿废水的去除率可达到 92 %。樊玉川采用 CaO + PAC 混凝沉淀处理含锰废水,通过石灰调节 pH 值为 8.5 ~ 10,再加入 50 mg/L 的 PAC,将含锰 397 mg/L 的原水处理到 0.2 mg/L 以下。

(2)生物法

生物法除锰作为一种新的工艺在法国、德国、保加利亚等国家都有一些推广应用,均取得良好效果,德国有研究铁细菌以及某些藻类,其体内含有的某些催化活性生物酶能加速水中溶解氧氧化 Mn^{2+},从而能在 pH 值较低的情况下除 Mn^{2+}。除 Mn^{2+} 时,要求水中的含铁量要低,否则效果不佳。最近英国、澳大利亚等国家的一些研究者发现,水中的溶解氧过高时会对铁细菌的繁殖造成不利影响,生物法除锰技术正在进一步的研究中。生物法的研究虽已持续多年,但尚未有完整的理论基础和参数,工程实际应用较少。

（3）膜分离法

膜法处理也在含锰废水的处理中有一定的应用。李萌等采用纳滤膜处理电解锰生产过程中产生的含锰废水，在操作压力为 2.0 MPa 的条件下，进水 Mn^{2+} 为 3 650 mg/L，出水 Mn^{2+} 为 375 mg/L，对 Mn^{2+} 的截留率为 89.72%。宋宝华等采用纳滤膜反渗透膜组合技术对含锰废水进行了实验研究，当原水 Mn^{2+} 的浓度为 512.6 mg/L 时，经过反渗透处理后，出水的离子 Mn^{2+} 浓度均小于 0.5 mg/L，出水达到国家排放标准的要求。

除了上述的处理方法之外，含锰废水的处理方法还有电解法、氧化法、吸附法等，均有一定的研究，但含锰废水最常用的处理方法还是混凝沉淀法，此方法还能去除水中的钙、镁硬度以及其他的重金属离子，尤其在矿山废水处理中应用广泛。常用的沉淀剂有石灰、消石灰等石灰类沉淀剂和碳酸钠、碳酸氢钠、苛性钠等碱性沉淀剂以及硫化钠、硫化氢等硫化剂。石灰类沉淀剂成本低，成渣量大，易脱水；碱性沉淀剂成本高，沉渣量少，不易脱水；硫化剂本身带有毒性，且成本较高，腐蚀性也较强，不宜选用。

上述含锰废水的处理方法主要是集中在对废水中的污染环境的金属离子的去除，使之低于国家工业废水排放标准，之后再进行排放。现在大部分企业所采用的是石灰中和法处理废水，这样不仅能耗高，而且废渣产生量大，同时，废水中的锰等资源进入废渣，又造成了资源浪费，属于单一性环保投入，几乎没有产生经济效益。这样的液废处理方式对企业而言，不但不能给企业带来经济效益，反而企业要投入大量的人力、财力和资源。

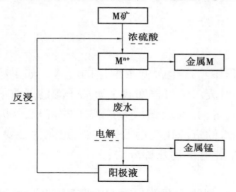

图 5.1　金属 M 湿法冶炼过程产生含锰废水全循环利用概略图

针对低浓度含锰废水的处理，本章从新的视角出发，主要探讨以"电能"置换"废水"中的锰，置换锰后的阳极液再反浸，协助主工艺酸浸，以达到"废水全循环利用"。图 5.1 所示为金属 M 湿法冶炼过程产生含锰废水全循环利用概略图。

在某冶炼企业中，本书作者团队利用电解法处理低锰浓度的废水（[Mn] = 5 ~ 20 g/L、[M[①]] = 0.1 ~ 0.8 g/L、[P] = 0.01 ~ 0.03 g/L、[Fe] = 0.01 ~ 0.07 g/L、pH = 1.0 ~ 3.0、硫酸盐体系）制备浸出回用水（注：①代表某一重金属）。电解后体系能达到：

①金属锰产品达到国家标准 YB/T 051—2003 通用型 DJMnⅡ标准（片状≥99.8%、粉末状≥99.7%）。

②电解处理后的回用水中[Mn] ≤5 g/L，pH = 1.0 ~ 3.0。

③平均吨锰电耗≤10 500 kW·h/t。

④电解能连续稳定运行。

图 5.2 所示为电解法处理低锰浓度的废水的工艺路线图。在整个除杂过程中，通过电解法处理低锰浓度的废水，能使杂质高价重金属、磷、铁等含量小于 5 mg/L，达到电解锰合格液的标准。

（4）除杂原理

1）除高价且难于中性条件下沉积的重金属

大部分的酸浸废水 pH 值较低，一般为 1 左右，在酸性条件下加入硫酸亚铁，可把大部分

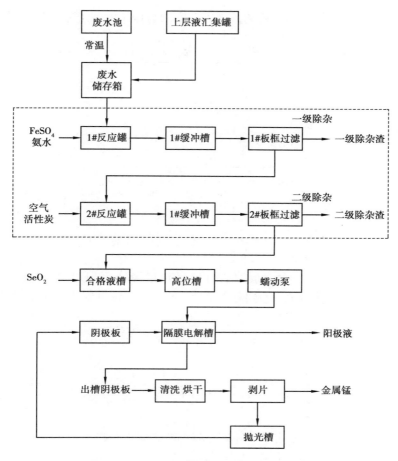

图 5.2　电解法处理低浓度含锰废水工艺流程

高价金属还原为低价。反应方程式为:

$$MO^{n+} + Fe^{2+} + 2H^+ \longrightarrow Fe^{3+} + M^{m+} + H_2O \ (n > m) \tag{5.1}$$

2)除铁

除铁过程要考虑 Mn^{2+} 离子在不会发生水解的前提下进行。Fe^{2+} 与 Mn^{2+} 的水解 pH 值相近,pH 值为 6~7 及以上。而 Fe^{3+} 离子在 pH 值 2.7 时即能发生水解反应,这时不会有 Mn^{2+} 离子发生水解而析出 $Mn(OH)_2$ 沉淀。用二氧化锰粉和空气作为氧化剂,把溶液中的 Fe^{2+} 氧化为 Fe^{3+},通过加氨水,使 Fe^{3+} 生成溶解度小、沉淀粒度大的 $Fe(OH)_3$ 通过抽滤除去,反应方程式为:

$$2Fe^{2+} + MnO_2 + 4H^+ \longrightarrow 2Fe^{3+} + Mn^{2+} + 2H_2O \tag{5.2}$$

$$4Fe^{2+} + O_2 + 4H^+ \longrightarrow 4Fe^{3+} + 2H_2O \tag{5.3}$$

$$Fe^{3+} + 3OH^- =\!\!=\!\!= Fe(OH)_3 \downarrow \ 或 \ Fe^{3+} + 3H_2O =\!\!=\!\!= Fe(OH)_3 \downarrow + 3H^+ \tag{5.4}$$

(5)电解工序

在隔膜电解槽中,以除杂后的含锰废水为电解液,加入适当的电解添加剂,通入直流电,在阴极上便沉积出金属锰并析出氢,同时其他金属离子在阴极也有微量析出而混杂在锰片中;在阳极上析出氧,并有少量二氧化锰沉积物。

电解过程后,电解后处理、阴极板的抛光等工序均与传统电解工序一致。

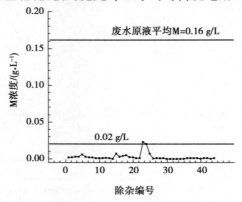

图5.3　工艺除高价重金属 M 稳定性及效果分析

（6）除杂技术稳定性分析

从图5.3可以看出,进行一次除杂后金属 M 的浓度降低5 mg/L 左右,且波动较小,说明该工艺能够很好地对 M 进行去除,达到除 M 的目的,达到电解锰对 M 浓度的上限要求。

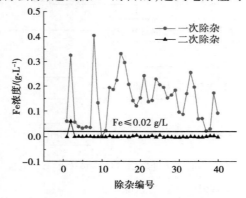

图5.4　工艺除铁效果及稳定性分析

从图5.4可以看出,该工艺对铁的的除去效果很好,能够达到电解工艺要求,同时从连续周期的运行期间来看,工艺稳定性很好。

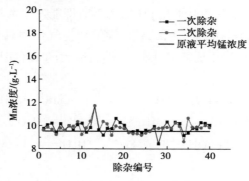

图5.5　除杂工艺过程锰浓度变化情况

从图5.5可以看出,除杂过程锰浓度波动不大,说明该工艺不会造成过大的锰的损失。

（7）除杂渣分析

1）一次渣

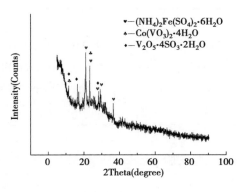

图 5.6　一次除杂渣 XRD 分析

图 5.6 是本次连续性实验的一次除杂渣，从图谱可以看出，渣里面物相主要有 $(NH_4)_2Fe(SO_4)_2 \cdot 6H_2O$、$Co(VO_3)_2 \cdot 4H_2O$、$V_2O_5 \cdot 4SO_3 \cdot 2H_2O$。

2）二次渣

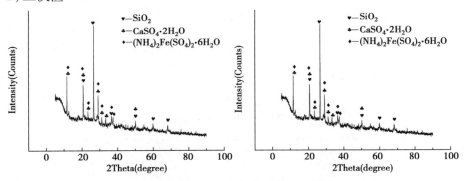

图 5.7　二次除杂渣 XRD 分析

图 5.7 是本次连续性实验的一次除杂渣，从图谱可以看出，渣中含有的物相主要有 SiO_2、$(NH_4)_2Fe(SO_4)_2 \cdot 6H_2O$、$CaSO_4 \cdot 2H_2O$。

3）吨锰电耗

图 5.8 列举了一些电解周期的电解锰吨锰电耗。从图 5.8 中可以看出，此工艺对含低浓度锰废水而言，其电耗仅比传统电解锰电耗略高一点，具有相当可观的经济价值。

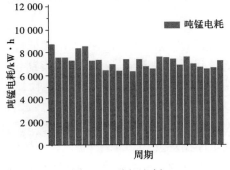

图 5.8　吨锰电耗

4）锰产品质量分析

表 5.1　样品分析结果

元素含量/%	S	C	Fe	Si	Se	P	Mn
样品批次 1	0.24	0.017	0.009 2	0.006 3	未检出	0.000 25	99.853 5
样品批次 2	0.030	0.012	0.002 7	0.003 1	未检出	0.000 81	99.943 39
样品批次 3	0.023	0.022	0.005 4	0.003 9	0.003 5	0.000 53	99.884 67
	合格	合格	合格	合格	合格	合格	合格

表 5.1 为电解低浓度废水连续实验锰产成品质量分析，从表中可以看出，3 个批次锰产品中锰含量均达到通用级 DJMnⅡ标准。

5）现存问题

隔膜袋堵塞。电解过程中，由于阴极区一直在碱性条件下运行，电解过程中容易造成 Ga、Mg 盐的富积，易形成沉淀物质堵塞隔膜袋，阴极区产生部分"阴极泥"。Ga、Mg 盐富积问题现如今依然是全球电解行业亟待解决的共同难题。

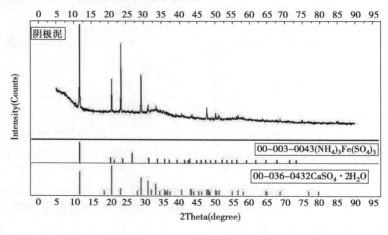

图 5.9　阴极泥 XRD 分析

5.2　阳极液循环利用

伴随着产业规模的迅速扩张和快速发展，行业准入门槛低、产能过剩、产业集中度低，行业整体技术水平偏低、污染严重等问题也在逐渐显现。在电解锰生产过程中，每生产 1 t 电解锰产品，需排放废水 350 m³ 左右，废水中含锰、铬、氨氮等污染物，对水体及人体健康将会产生影响。电解锰生产废水包括冷却循环废水、含铬锰废水和废电解溶液（阳极液）。其中阳极液由于含有 11～15 g/L 的锰和 30～35 g/L 的酸而具有较大的污染性，但也具有较大的回收利用价值，各企业均将其回用于制液工序循环使用。

通过以"电能"置换"废水"中的锰，置换锰后的阳极液再反浸，协助主工艺酸浸，以达到

"废水全循环利用"。

参考文献

［1］宿程远,黄秀玫,吕宏虹,等.混凝法处理锰矿选矿废水的试验研究[J].环境科学与管理.
2010,35(7):46-49.

［2］樊玉川.含锰废水处理研究[J].湖南有色金属,1998,14(3):36-38.

［3］ERIEHAFD D S, DWYER D F. Aerated biofiltration for simultaneous removal of irons and pol-
ycyclic aromatic hydrocarbons from groundwater[J]. Water Enviroment Research, 2001, 73
(6):673-683.

［4］MITRAKOSG D. Removal of iron from potable water usinga trickling filter[J]. Water Research,
1997,31(5):991-996.

［5］李萌,朱彤,张翔宇,等.纳滤膜处理含锰废水[J].化工环保,2012,32(3):260-263.

［6］宋宝华,张翔宇,李萌,等.纳滤与反渗透膜处理含锰废水的初步研究[J].膜科学与技术,
2010,32(6):109-113.

［7］胡武洪.电解锰生产中的污染问题及对策研究[J].中国西部科技,2007(5):1-3.

［8］黄青云.转炉高效提钒相关技术基础研究[D].重庆:重庆大学,2012.

［9］段炼,田庆华,郭学益.我国钒资源的生产及应用研究进展[J].湖南有色金属,2006(6):
17-20.

［10］李兰杰,张力,娄太平.钒钛磁铁矿钙化焙烧及其酸浸提钒[J].工程工程学报,2011,11
(4):573-577.

［11］张清明,艾南山,徐帅,等.含钒废水的处理现状及发展趋势[J].科技情报开发与经济,
2007,17(2):142-143.

［12］唐先庆,李科.沉钒废水循环利用技术研究与应用[J].铁合金,2015(11):41-43.

［13］Rožic M, Š CERJAN-STEFANOVIC S. KURAJICA, et al. Ammoniacal nitrogen removal from
water by treatment with clays and zeolites[J]. Water Research, 2000, 34(14):3675-3681.

［14］樊烨烨.含钒铬酸盐溶液中钒(Ⅴ)和铬(Ⅵ)的分离与回收[D].长沙:中南大学,2013.

［15］MAZUREK K, BIALBOWICZ K, TRYPUĆ M. Extraction of vanadium compounds from the
used vanadium catalyst with the potassium hydroxide solution[J]. Polish Journal of Chemical
Technology, 2010, 12(1):23-28.

［16］ZHANG Y M, BAO S X, LIU T, et al. The technology of extracting vanadium from stone coal in
China: History, current status and future prospects[J]. Hydrometallurgy, 2011, 109(1-2):116-
124.

［17］程正东.电解法处理含钒含铬废水:CN,CN 86106414 A[P].1988.

［18］ZENG L, CHENG C Y. A literature review of the recovery of molybdenum and vanadium from
spent hydrodesulphurisation catalysts: Part I: Metallurgical processes[J]. Hydrometallurgy,
2009,98(1-2):1-9.

［19］陈东辉,李兰杰.一种钒液钙法沉钒、母液与固废自循环利用的清洁提钒方法[P].
CN104775041A.2015.

［20］MAZUREK K. Extraction of vanadium and potassium compounds from the spent vanadium catalyst from the metallurgical plant［J］. Polish Journal of Chemical Technology，2012，14（2）：152-158.

［21］WANG X，XIAO C，WANG M，et al. Removal of silicon from vanadate solution using ion exchange and sodium alumino-silicate precipitation［J］. Hydrometallurgy，2011，107（3-4）：133-136.

［22］程正东. 电解法处理含钒含铬废水：CN，CN 86106414 A［P］. 1988.

［23］欧阳玉祝. 铁屑微电解—共沉淀法处理含钒废水［J］. 化工环保，2002，22（3）：165-168.

［24］方立才. 某含钒废渣生产五氧化二钒废水的处理研究［J］. 广州化工，2011，39（18）：112-114.